女性幸福密码

给闺蜜的20封信

宸冰／著

重庆出版集团 重庆出版社

图书在版编目（CIP）数据

女性幸福密码/宸冰著.— 重庆：重庆出版社，2023.9
　　ISBN 978-7-229-17784-3

　　Ⅰ.①女… Ⅱ.①宸… Ⅲ.①女性—幸福—通俗读物 Ⅳ.①B82-49

中国国家版本馆CIP数据核字（2023）第131320号

女性幸福密码
NVXING XINGFU MIMA

宸冰　著

出　　品：	华章同人
出版监制：	徐宪江　秦　琥
责任编辑：	朱　姝　王晓芹
营销编辑：	史青苗　孟　闯
责任校对：	陈　汐
责任印制：	梁善池
装帧设计：	魏　敏

重庆出版集团
重庆出版社　出版
（重庆市南岸区南滨路162号1幢）
北京盛通印刷股份有限公司　印刷
重庆出版集团图书发行有限公司　发行
邮购电话：010—85869375
全国新华书店经销

开本：880mm×1230mm　1/32　印张：9.25　字数：177千
2023年9月第1版　2023年9月第1次印刷
定价：58.00元

如有印装质量问题，请致电023—61520678

版权所有，侵权必究

推荐序

会写论说文的女人必会得到幸福

一次,宸冰跟我谈起阅读趣味,说她喜欢看悬疑类的小说,对爱情小说兴趣淡薄。我喜欢宸冰,正如喜欢夏日里远望的雪山、冬天里燃烧的炉火、从飞机上看到的大海和传说中存在的仙草。她是一个跨越了性别界限,被所有人喜欢,让人想到她就忍不住露出微笑的女人。

在本书中,宸冰批判了乔治·艾略特的那句话:"最幸福的女人,如同最幸福的民族,没有历史。"如果我们在生活和阅读中一直留心的话,就会发现针对女性作出的此类判断太多了,而且它们实际上都没有什么道理可言。宸冰对这些判词的评价是——充满偏见。如果让我来说,我的判词是:最幸福的女人,是会写论说文的女人。若要再加一些限定词,让这句话更为公允的话,我想我会说:

最幸福的女人,是会给闺蜜写信的女人。她在信里不谈东家长西家短,不谈买谁家的裙子,也不骂自己的丈夫和朋友,而是写诚恳的论说文。

咦？我听见有人对我说：为什么说写论说文的女人，比写小说、诗歌、应用文、抒情散文、电脑程序和企划文案的女人，更容易得到幸福呢？会写论说文的男人，是否也同样幸福呢？是那些只会写论说文的女人最幸福，还是什么都写的女人最幸福？

啊，我要首先对这个人说：恭喜你，提出这样的问题，意味着你离幸福更近了一步，因为论辩和逻辑是论说文的基础。其次，我想告诉你：放心，你所问的一切问题都有确定的答案，因为会写论说文的女人不会信口开河，她以给出明确的答案为己任。

答案就在宸冰的这本书里：

> 在我看来，有能力让自己和他人幸福的女人都有一些共同的特点。比如，她们永远葆有好奇心，对一切事物充满热情；她们始终坚持独立思考；她们拥有强大的内心世界和充实的精神空间；她们既能与爱人建立亲密关系，又能与自己相处；她们因为腹有诗书而显得优雅从容、大气单纯、智慧善良。

会写论说文的宸冰呼吁我们"葆有好奇心"，会写小说的杜拉斯却呼吁我们葆有爱，她说："如果爱，请深爱，爱到不能再爱的那一天。"宸冰在写给悠悠的信中揭开亲密关系的表象，探讨了它的本质。因为葆有好奇心，我们离幸福更近了一点儿。

会写论说文的宸冰提倡"对一切事物充满热情"，会写诗的阿赫玛托娃却把少了某个男人的世界比作黑夜，她说："我的歌声，飞向没有你的茫茫黑夜。"很明显，谁都有可能离开我们。所以，把希望寄托于"一切"之上，比寄托于某个人身上要可靠得多！这样，幸福便更有保障了。

……

会写论说文的男人幸福吗？我想这要分情况说明。"论说"这件事，似乎是植根于某些男人灵魂中的熊熊热望。这个世界上相当一部分（也可能是绝大部分）出色的论说文都是男人写的，他们在逻辑方面有强大的优势。出于这种优势，他们当中有人写出了长篇大论——《论女人》，并成为名作。我建议每一个"拥有强大的内心世界和充实的精神空间"的女性都把它当作必读书。为什么？因为，假如我们内心确实足够强大，也足够冷静，就不会只是愤懑，而是会发现他的逻辑漏洞和诡辩伎俩。叔本华说："（女人）虽称'成熟'，但在理性方面十分薄弱，所以，女人终其一生也只能像个小孩，她们往往只看到眼前的事情。"这说的显然不是那些会写论说文的女人，一个会写论说文的女人，她的存在，本身就是对性别偏见的回击。

我们要原谅叔本华，也要怀着怜悯之心意识到，一个不爱任何女人的男人，是离幸福最远的人。

我们可以与这种会写论说文的男人和解，甚至和他们成为朋友，比如宸冰这本书中屡次提到的女性之光——杨绛。杨绛一生的朋友、她的先生钱锺书，就是一个十分会写论说文的男人。男人只要会写论说文，就难免带点儿孩子气。钱锺书的《围城》虽然是小说，却也包含了不少堪称论说文的段落，比如：

> 大家庭里做媳妇的女人平时吃饭的肚子要小，受气的肚子要大；一有了胎，肚子真大了，那时吃饭的肚子可以放大，受气的肚子可以缩小。这两位奶奶现在的身体像两个吃饱苍蝇的大蜘蛛，都到了显然减少屋子容量的状态。

这段话有一点道理，可是把孕妇比作"吃饱苍蝇的大蜘蛛"，不仅促狭，而且不通情理，是绝对不合适的。我们不禁后背一凉：坏了！这样会写论说文的男人，每天盆对盆、碗对碗，还不知道要听多少风凉话！这是不行的，是要跟他辩论到底的！一个会写论说文的男人和一个会写论说文的女人，会不会打起来呢？

他们非但没有打起来，而且竟然过得不错。

所以，会写论说文的男人是可以获得幸福的，前提是有个会写论说文的女人对他好。若是这个女人对他不够好，像《围城》里的孙柔嘉对方鸿渐那样，他也万难得到幸福。

啊！女人会写论说文，别提多好了。就像宸冰在这本书中所提出来的生育、使命、身份等主题，都是女人一生中将会遇到的不同于男人的难处，像这样不自怜、不哀矜，从从容容地说明白，别提多好了：每个女人都是冲破了这一层一层困境的英雄，这种荣耀，为什么不说出来呢？母女关系、原生家庭、青春、年龄、美丽等，又是女性迥异于男性的核心命题；爱情、婚姻、自我价值、财富等，则标志着女性社会化的一面。

我在宸冰的文章中看不到任何躲闪、伪饰、自我欺骗和虚荣，我只读到了一颗经历了诗书浸润和岁月淘洗的如玉的君子之心。

君子！是的。也不知道为什么，孔夫子会把"女子"和"小人"相提并论，而成为"君子，才是女性所应追求的人生境界。君子周而不比、和而不同、泰而不骄、矜而不争，宸冰做了多年的主持人，与许多明星、名人近距离接触，她所看到的不仅是他们表面的光环，还有他们人生的底色。君子怀德、君子喻于义、君子谋道不谋食，所以宸冰才会在这名利场中独善其身，并写出这样一部于人生和心灵都有益的作品。

她是主持人当中最爱读书的人之一，正是那些人类思想的瑰宝和经典，有力地支撑着这本写给女人的书。你可以从任何一章读起，读完之后，你不但会习得写论说文的材料和逻辑，还会获得人生的启迪和幸福。

刘丽朵

序

2023年6月，在北京CBD国贸商城，我举办了一场名为《我的态度——取悦自己才是最大的奢侈》的个人主题演讲秀。那是我在从事推广阅读文化这项工作的9年里第一次登上如此奢华的舞台，在那场活动中，我对着一群社会精英表达了自己对这个时代的态度。有趣的是，这场因一本书而起的活动，激发了与会来宾们对"奢侈"的热烈讨论和认真思考。

对我们这个时代来说，丰富的物质能让很多人感到安心，对经济资本的追求和对奢侈生活的向往，让人们就像穿上了不愿脱下的红舞鞋一样，沦陷在物质欲望里。但即便获得了期望中的财富，人们也没有感到更幸福或更满足，反而陷入了更深的焦虑与不安中。那么，到底是哪里出了问题？钱能解决这些问题吗？事实上，我们会发现，现在有越来越多的人开始从外部的物质世界回归内部的精神世界。中产阶级人士不再炫耀名牌，而是开始晒他们读过的书。人们举着"低物质欲望"的大旗一路狂奔，期待探索更有深度的领域。人们终于发现，精神世界的富足与内心的安定才是最大的奢侈。如果你能确定自己生命中真正渴望的东西，并忠于自我，勇敢追求它，那就是一种奢侈。

之所以在本书的序言里提到这一点，是因为我觉得能写一本书表达我对幸福的态度也是一种奢侈。我希望这篇序言可以让你问一问自己，对你来说最大的奢侈是什么？如果你从来没有想过这个问题，或者不知道怎么回答这个问题，我希望你在读完这本书之后会有一些思考。书中的一个个话题就像一把把钥匙，或许能解开你的疑惑。其实，这些话题本身就是我们生命中的奢侈之物，你会如何看待它们呢？相信你的思考，会为你打开更多新的视角。

毫无疑问，在不同的境遇中，每个人都会对奢侈有不同的看法。对曾经的我来说，人生最大的奢侈其实就是来自妈妈的陪伴——我从前居然会如此怠慢。如今，这已是一个永远无法实现的梦。这种遗憾给我带来了无解的悔恨和深深的思念。

我的成长得益于母亲无私的爱，也得益于被我视为信仰的阅读，于我而言，两者无法分割。幸运的是，自我拿起第一本书开始，母亲就从来没有打断过我的阅读，无论什么时候，她都纵容我完全沉浸在书本的世界中。多年后，她在我的小书店里爱不释手地拿起一本又一本书，这时我才发现她也如此热爱阅读——阅读也是她的幸福来源。但因为责任与爱，她选择牺牲自己的一部分幸福，并将这种幸福让渡给我。想到这里，我在飞驰的列车上不禁潸然泪下。所以，请允许我借这本书怀念我的母亲，谢谢她带我来到这热气腾腾的人间，谢谢她允许我自由自在地成长，谢谢她用自己骄傲自强的一生启发和影响了我，谢谢她让我在与她的和解中，也与自己、与世界和解。

1922年，我的爷爷在燕京大学读书，这在当时是一件非常奢侈的事情。今年5月是北京大学建校125周年，应邀回校的我和同学们一起去了博雅塔,站在未名湖边,我不禁陷入思考:我的爷爷当年站在这里时在想些什么呢?那时他有怎样的梦想?爷爷当时大概想不到,他因无暇照顾而放在书堆里任其自由生长的孙女,有朝一日也会在这里驻足,并在他之后,也享有了这份属于读书人的奢侈。

如今,我在物质上并不算富有,也不再年轻,但我觉得自己正处于一生中最幸福的时期。爷爷曾对我讲过庄子的三重人生智慧:不滞于物,不乱于人,不困于心。我想,如今的我终于理解并践行了这句话。

我领悟到,生活不会因拥有更多的物质而变得更幸福,真正的幸福是在参透了奢侈的本质后,理解丰俭由人、得失在己的通透,是实现爱你所爱、行你所行、听从你心、无问西东的坚定,是秉承**"精神不委屈、情感不依赖、心理不弱势、日子不将就"**这一人生理念的决心。

每个人的生命都是奢侈的,在这漫长的时光之旅中,能拥有幸福无疑更是奢侈的。这种奢侈不仅仅是一种外在的体现,更是一种内在的追求;不是一种浮夸的浪费,而是一种睿智的投资;不是人生的目的,而是人生的过程。奢侈之物的价值在于蕴含其中的文化、品质和价值观,以及所有者的人生态度。

正如一位作家所言:"当你在内心深处拥有了财富,你也就拥有了奢侈之物。"幸福亦如是。最后,祝愿每个认真爱自己、爱生活的人都能在任何时刻感受到幸福,拥有人生中最大的奢侈。

谨以此书献给我的母亲陈玉莲。

目 录
CONTENTS

I 推荐序
VII 序

001 / 第 1 封信 /
幸福与选择

011 / 第 2 封信 /
幸福与亲密关系

023 / 第 3 封信 /
幸福与生育

034 / 第 4 封信 /
幸福与使命

047 / 第 5 封信 /
幸福与母女关系

059 / 第 6 封信 /
幸福与身份

070 / 第 7 封信 /
幸福与原生家庭（I）

086 / 第 8 封信 /
幸福与原生家庭（II）

098	110	119
/ 第 9 封信 / 幸福与青春	/ 第 10 封信 / 幸福与友谊	/ 第 11 封信 / 幸福与自爱

133	154	171
/ 第 12 封信 / 幸福与爱情	/ 第 13 封信 / 幸福与婚姻	/ 第 14 封信 / 幸福与自我价值

179	194	208
/ 第 15 封信 / 幸福与年龄	/ 第 16 封信 / 幸福与爱好	/ 第 17 封信 / 幸福与财富

229	250	264
/ 第 18 封信 / 幸福与美丽	/ 第 19 封信 / 幸福与健康	/ 第 20 封信 / 幸福与成长

/ 第 1 封信 /
幸福与选择

没有什么选择是完美的。我们在不断的选择中成为自己今天的样子，无论结果是好是坏，你都能从中找到幸福的依据。

亲爱的悠悠:

你好!

这是我给你写的第一封信。从现在开始,我想用写信的方式来跟你聊一聊有关幸福的话题。

不知道现在的你是否觉得幸福。对每一个人来说,幸福都是终其一生所追求的东西。但是,你有没有发现很多时候我们离幸福都很遥远,尤其是那些看似触手可及却又无法得到的幸福,于是我们也就有了痛苦、遗憾、悲伤、失意甚至绝望。与此同时,幸福与快乐、甜蜜、成功、财富、名誉、地位、美貌、才华等美好的词语画上了等号。可是,只有这些才能代表幸福吗?忍耐、付出、牺牲、包容、辛劳、奉献等词语与幸福有关系吗?能不能也与幸福画上等号呢?

英国作家乔治·艾略特有一句名言:"最幸福的女人,如同最幸福的民族,没有历史。"这句话所表达的意思大概是,历史总有伤痛和遗憾,不论是个人、民族还是国家,只要有历史或经历,就会有不如意、失望,也会有痛苦。而一个没有历史的人或民族,就像一个新生儿,是纯洁、干净、无忧的,所以,他们都是幸福的。

但是，我并不同意这个说法，因为它对幸福的定义显然过于狭隘，而且充满了偏见。

什么是幸福？每个人都有不同的答案，但有一点很确定，那就是，幸福是一种主观的感受，而幸福力是一种能力。当我们陷入主观判断的时候，可能更容易感到不幸福，而当我们拥有幸福力时，无论身处何地，都能获得幸福。即便身处逆境，经历痛苦，我们也可以通过幸福力给自己和他人带来幸福的感受。不过，遗憾的是，有很多女性依然固执地认为，幸福都是他人给予的。她们的幸福感消失在原生家庭重男轻女的观念里；消失在青涩恋爱的伤痕中；消失在日复一日操劳无趣的婚姻生活里；消失在孩子叛逆反抗后远走的背影里；消失在青春已逝、芳华不再的恐惧中；消失在乏味枯燥的时光里。如果你也是这样看待幸福的，那你可能永远也得不到幸福。

所以，如果你现在正处于难过或失意中，那么不妨把它们视作幸福开始的前奏。我不是单纯在安慰你，而是希望你能带着探究"为什么痛苦反而会催生幸福"的好奇心继续往下读。

我先跟你分享一个我眼里的幸福女人的故事，这个女人就是杨绛。杨绛出生在一个非常开明的家庭，她的母亲对她影响很大。据说，她的母亲会在料理家务的空闲时间里阅读古典文学。在这样的成长环境中，杨绛与她的姐妹们从小就耳濡目染，嗜书如命，同时也学会了如何维护一个家庭的幸福。杨绛和钱锺书有一段时间只能用书信联系。一天，杨绛给钱锺书写的信被钱锺书的父亲拆开偷看，看完信之后，钱锺书的父亲说，这样的姑娘必须马上娶进门。杨绛在这封信里表达了这样的意思："现在我们两人快乐没有用，两家父母和兄弟都感到欢喜，我们两人的快乐才会始终没有障碍。"

我们都知道，钱锺书所著的长篇小说《围城》中有一句名言："婚姻是一座围城，城外的人想进来，城里的人想出去。"事实上，在钱锺书创作《围城》时，他们的家庭一度非常困难，几乎靠杨绛一人养家，她一边教书一边写剧本，后来被誉为戏剧界的天才女作家。当时她的名气甚至超过了钱锺书，她却对所有人说："我写剧本只是为了养家糊口，我不想有多大的名声，我也不觉得自己有什么了不起。我每天回家洗衣做饭，伺候钱锺书，让他写好书就是我的本分和幸福。"

她是这样说的，更是这样做的，她几十年如一日地照顾丈夫和女儿。有一段时间，钱锺书和患了癌症的女儿分别住在两所医院，80多岁的杨绛亲自照料，来回奔波，日日如此。她只有一个信念："锺书病中，我只求比他多活一年。照顾人，男不如女，我尽力保养自己，力争'夫在先，妻在后'，错了次序就糟糕了。"她竭力保养自己的身体，健康地活着，只是为了能够把亲人和爱人照顾好。于她而言，倘若无法逃脱这人世间的生离死别，那么就让亲人和爱人走得踏实幸福。这种高尚的人性力量，不正是最令人敬佩的幸福力吗？

我不知道你是否理解了杨绛的幸福，你可以去读一下她的《我们仨》《走在人生边上》这两部作品，当你被书中那恬静而又充满力量的氛围所感染时，也许你会理解，幸福源于接受自己的选择。

　　大家都说现在是"她时代"，女性的地位越来越高，女性的重要性也在各个层面显现出来，很多女性都在不同的领域取得了傲人的成绩，证明了她们自身的实力与价值。不同于过去的时代，如今的社会舆论也开始向女性倾斜。很多聚焦于女性的文学作品和影视作品，都摆脱了家庭生活和情感纠葛等主题，开始涉及女性职场权利、社会资源，甚至政治经济资本等方面的内容。社会对女性的考量标准也随之变得越来越多元化。面对这些变化，我想请你思考下面几个问题：如今的女性拥有了更多的权利，自然要相应地承担更多责任，那么，我们对权利与责任的关系是否有清晰的认知？我们对此有心理准备吗？权利和责任的叠加让我们真正获得自由了吗？

　　在种种外力的作用下，我们可能会变得外表强势、内心脆弱，无法正确表达自己的意愿和态度。于很多女性而言，选择的权利反而成了不幸福的导火索，选择的结果往往也会让人后悔并心生抱怨。这些情绪必然会被转移到身边的人和环境中，可能会让我们迁怒于爱人、孩子、父母或同事，让我们充满戾气，也使周遭的气氛变得紧张，久而久之，会形成恶性循环，我们的自我认同感会越来越低，抱怨越来越多，急躁固执的情绪也越来越难以控制。感到无力和沮丧的时候，我们更希望获得外界的认可和解救，但通常只能得到不解和失望，在这样的情况下，连愉快的生活都谈不上，又何谈幸福呢？

我想你可能已经明白了，是的，选择是一种权利，但也意味着责任。无论你处在什么样的环境和状态中，幸福的基础都是你愿意对自己的选择负责，无论你作出什么决定，不要求别人、不抱怨别人，自己勇敢地担负起责任，不因为别人的赞同和夸奖而喜悦，也不因为别人的指责和贬低而失落，始终相信自己，这样，无论选择的结果是好是坏，你都能从中找到幸福的依据，从每一个"小确幸"中汲取正面积极的能量，最终成就自己的幸福。

在过去，女性并没有那么多的选择，她们被视为男性的附属品，被限制在传统的家庭角色中。随着时间的推移，女性为了能拥有更多的选择，开始争取更多的平等权利。在 20 世纪 30 年代的波希米亚风潮和 20 世纪 60 年代的性解放的推波助澜之下，女性权利有了重大的改善。在西方，女性开始获得接受大学教育、选举、离婚和避孕的权利，她们可以思考自己如何作为一个独立的个体而存在，她们的人生也有了更多的选择。这些变革和思考，不仅影响了当时的女性，甚至对后世也有着深远的影响。

在这个过程中，涌现了很多对女性权利和价值进行思考，并为女性权益和女性地位呼吁的传奇人物，波伏瓦就是其中一位。作为极具哲学思考和理性研究能力的学者，波伏瓦面对"作为女人对我来说意味着什么"这一问题时惊讶地发现，女性所面临的最大困境源自自我驱动与他人成就、个人欲望与他人期望之间的冲突，她就此发出了感慨："女人不是天生的，而是后天形成的。"

波伏瓦无疑是一位杰出的女性思想家和作家。她是20世纪最著名的女性知识分子之一，其著作《第二性》被誉为"女权主义的圣经"。她的思想和作品对女性解放和现代哲学的发展产生了深远的影响。然而，就像许多其他杰出的女性一样，波伏瓦也面临着许多困难和不公正的对待。

在当时的西方社会，波伏瓦的成就并没有得到应有的认可和推崇，她被视作"萨特的伴侣"和"萨特的信徒"。她的作品和思想被置于萨特的阴影之下，私生活反而成为外界关注的焦点，因此，她的作品和思想也受到了种种不公正的抨击。面对这样的困境，波伏瓦的选择是坚持自己。为了保护自己的学术地位和思想，波伏瓦甚至在文章和著作中隐瞒了自己的真实经历和哲学思考，这给她个人和现代哲学的发展都带来了不可估量的损失。

面临困难和不公正的待遇，她依然选择坚守自己的信念，为女性解放和现代哲学的发展作出了杰出的贡献。时至今日，她仍旧是值得我们永远铭记的伟大思想家。我们对她推崇备至，不仅因为她的作品和思想对当今社会依然产生着深远的影响，也因为她在重重煎熬之中没有放弃，并且坦然地接受了自己的选择，不论面临怎样的痛苦。

你看，睿智强大如波伏瓦，也需要为自己的选择作出一定的让步和妥协，甚至付出代价，更何况我们这些平凡的女性。在选择中，我们逐渐变成了今天的样子，可能也会为自己的选择感到后悔和遗憾。但是，你要明白，没有什么选择是完美的，也没有什么选择是完全正确的，最重要的前提是，这个选择所带来的结果是你愿意承受的。你没有看错，选择的前提不是什么深度思考、冷静判断、审时度势、分析利弊，尽管它们都是必要的，但人类的大脑结构和决策机制告诉我们，无论你的左脑有多么周密的理性思考，最终让你作出决定的都是主导直觉的右脑，你之所以纠结，就是因为它们在博弈，对女性来说尤为如此。

所以，我的建议是，从结果开始！你告诉自己，我作出这个决定后，无论遇到什么问题，无论好坏对错，无论别人怎么看，我都愿意承担全部的后果，我都能够坦然面对一切可能，我不会迁怒于人，也不会反复纠结，我相信我自己。你知道吗？如果你能这样慢慢练习，拥有更多决策的勇气与接受的决心，那你就会发现，自己变得更加自信了。如果选择出了错，你一定从中学到了什么；如果选择最终成功，你一定也总结出了宝贵的经验。在这个过程中，根据什么作出判断、怎样进行更客观的分析、如何参考不同的意见和信息等方面的能力，都会获得提升。

2000年，我离开兰州来到北京发展，彼时的我已经是一个5岁孩子的妈妈，是省会城市电视台的当家花旦，也是被鲜花和掌声簇拥的名人，这样的离开意味着一切归零、从头开始。可是，当时的我仿佛能看见自己此后数十年的人生轨迹，也能想象出我的孩子会在怎样的环境中成长。作为一个自三岁起就与书形影不离，在书中感受过无数个平行世界的人来说，这简直令人窒息。作出选择后，我没有想过到了北京会遇到怎样的困难，也没有想过我自己一个人能否兼顾事业与孩子，更没想过会不会失败。我只知道，我要对自己的人生负责，我也完全接受这个选择带来的一切结果。我这样做并不是莽撞，从小学起，我就开始独立作出人生路途中的每一个选择。上什么学校、选什么专业、做什么工作、和谁谈恋爱、什么时候结婚生子、什么时候改变职业方向。这些选择中，有的选对了，有的选错了，但我一直都坦然接受，继续作出更多的选择。正是这样的一些人生选择成就了当时的我，那么我为什么不能再做一次我认为重要的选择呢？

今天，给你写信时，我已经在北京生活了22年，我没有太多钱，也没有大房子，更没有显赫的地位与权势，但我有一份愿意为之奋斗一辈子的事业，有一个优秀的儿子和一份甜蜜的感情，有一群知己好友，获得过许多社会荣誉，承担了更多的社会责任，也拥有了幸福的生活。是的，我很幸福，认识我的人也觉得我很幸福。这份幸福源于我的每一次选择。

在我看来，有能力让自己和他人幸福的女人都有一些共同的特点。比如，她们永远葆有好奇心，对一切事物充满热情；她们始终坚持独立思考；她们拥有强大的内心世界和充实的精神空间；她们既能与爱人建立亲密关系，又能与自己相处；她们因为腹有诗书而显得优雅从容、大气单纯、智慧善良。

这听上去过于理想化了，是吗？其实这并没有多难，一切的开始就在于你是否愿意做一个对自己负责的人，能不能在任何时候都有勇气去承担选择的结果，这样能使你自由，更能让你拥有幸福。就像我在上文中提到的杨绛，她无疑拥有了让自己和他人都幸福的能力，可这种能力的背后不仅是爱恋、甜蜜、温暖、充实、自由，更是牺牲、痛苦、委屈、付出、辛苦，但杨绛笃定自己的选择，坚守自己的内心。不需要别人认同就能感受到幸福的生命价值才值得所有人追寻。

也许你会问我，作出选择后，当下的我很幸福就意味着我没有烦恼和痛苦吗？此刻幸福就意味着我会永远幸福吗，这种幸福会影响我今后的选择吗？如果可以总结，幸福又有什么秘诀？在选择的过程中我曾经思考了什么？我的经历能帮到你吗？我会在接下来的信里慢慢回答这些问题。

谢谢耐心看完这封信的你！祝安好！

宸冰

▎延伸阅读

《成为波伏瓦》［英］凯特·柯克帕特里克　著
《我们仨》杨绛　著
《走在人生边上》杨绛　著

/ 第 2 封信 /
幸福与亲密关系

　　如果总是寄希望于从他人身上获得安全感，很可能会对亲密关系产生致命的伤害，在一段令人窒息的关系中，是不可能感受到幸福的。

亲爱的悠悠：

你好！

这是我给你写的第二封信，在上一封信里我谈到幸福与我们的选择有关，更与我们选择之后是否愿意承担责任有关。也许你会问：我愿意承担责任，可是我的选择和承担应该以什么为标准呢？幸福还与什么有关呢？现在我们就聊聊决定幸福的一个关键要素——亲密关系。

2021年，上海市妇女儿童工作委员会发布了"十三五"上海女性幸福指数研究报告。结果显示，73%的女性认为幸福源于家庭生活美满，46%的女性认为幸福源于自己身心健康，仅有13.2%的女性认为幸福源于高收入和富裕的生活。

你认同这个调研结果吗？这与我们日常生活中的感受似乎不太相符，毕竟绝大多数人都会把幸福与财富地位联系在一起，甚至有句话说："贫贱夫妻百事哀。"这份调查报告究竟说明了什么呢？

在我看来，它真实地说明了当下很多女性的心理状态。我们虽然总说要挣钱、拼事业，但天性使然，我们还是最看重亲密关系，每个人都不是自我封闭的个体，更需要在一种关系中被认可，拥有存在感。

这个结果其实也非常符合心理学的研究。很多心理学家都指出，亲密关系是人的安全感的重要来源，而一个没有安全感的人是很难感到幸福的。亲密关系是人类生活中非常重要的一部分，而女性通常更加注重情感生活和情感表达。在恋爱中，她们往往更加注重沟通和情绪价值，这有助于增强亲密关系，从而提升幸福感。除了伴侣，女性和家庭成员、朋友之间的亲密关系也会对幸福感产生影响。这些亲密关系中的互相理解、尊重和支持，对于女性的幸福感和生活满意度都有着重要的作用，因此建立和维护亲密关系对女性来说非常重要。

相信你也一定能感受到女性对安全感的需要有多么强烈，而安全感又往往被物质化。无论是经济、资源，还是地位、权势，都很容易变成安全感的陷阱，将女性捆绑进婚姻、家庭、母职中，如果有爱陪伴当然皆大欢喜，但如果只是企图得到安全感才这么做，是很难感到幸福的。那么我们该如何理解亲密关系与安全感的关系呢？

我讲个故事给你听吧。

我采访过很多作家，其中，余耕老师是一个时刻关注社会问题并将之写入自己作品的优秀作家，他的作品《假如还有明天》被改编成了电视剧《我是余欢水》，一度非常火爆。书中生动地刻画了一个自卑怯懦且颓废的中年男人形象。此后他又创作了小说《我是夏始之》，书中的女主人公夏始之是一个可怜的女人，她因为缺乏安全感而对安全感极度渴求，后来不仅遭遇了婚变，还在失去了一切后被一份欺骗性的温情所迷惑，差点坐牢。书中有这样一段话：

虽然她是个从小就被抛弃在孤儿院门口的孩子，但福利院的院长明秀阿姨十分喜爱夏始之，鼓励她读书考大学，用知识来改变自己的命运。夏始之不负众望，高考时虽然没有考取名牌大学，好歹进了北京联合大学，并就读于哲学系。她接受了明秀阿姨的建议，用哲学帮助自己解决精神层面的痛苦。她在大一开学的日记本上，写下这样一句话：如果没有哲学，你将撑不过那些艰难的岁月。与众多有个性的80后女孩不一样，夏始之身上几乎没有任何个性，她就像一只吓破胆子的小白兔，惊恐地提防着周边的一切，她会提防新买的羽绒服里藏着针，甚至提防呼吸的空气里有人为她混合了神经性毒气……不过哲学并不是灵丹妙药，从小被亲生父母遗弃的伤害，在她心底掘了一个无底洞，仅凭哲学是填不满的。婚姻曾经为她心底的黑洞照进一缕曙光，她在婚姻的滋养中，渐渐地积攒了勇气和自信，开始像一个社会人一样面对生活。但是，婚姻的突然坍塌，又让她的黑洞陡然间扩张。夏始之觉得自己的婚姻已经不能用"失败"两个字概括，而是比失败更让人痛苦无数倍的构陷。

事实上，夏始之婚姻的失败与她缺乏安全感、过分依赖丈夫有关。我想在现实生活中，像夏始之这样有极端经历的女性可能不多，但很多女性都对她的心理状况不陌生。在跟余耕老师聊天时，我问他："你怎么能这么深刻地洞察到人性的微妙之处，又是如何感知到女性安全感缺失的状态呢？"他说他曾经做过警察，接触过的人和事都比较多，看过太多纠纷和关于爱恨情仇的真实故事，慢慢就会总结出一些规律。在他看来，女性的很多遗憾和伤害确实是由男性造成的，但作为女性，如果总是寄希望于从别人身上获得安全感，就可能对亲密关系产生致命的伤害。一段令人窒息的亲密关系是绝不可能幸福的。

除了安全感，决定亲密关系的要素还有很多，我之所以如此认真地讨论这个问题，是因为亲密关系不仅仅限于男女之间。我们与父母、孩子、亲戚朋友、同事，以及社会的关系，都与我们的幸福息息相关。女人的天性决定了我们天生就爱扎堆抱团，害怕独处，也非常在意每一个人对我们的评价。我们一直活在各种关系里，但很多人没有意识到，关系在某种程度上决定着我们的幸福感。

在《亲密关系》一书的开头，美国萨姆休斯敦州立大学心理学教授罗兰·米勒描述了这样一幅景象：

假如黄金周这样度过，是不是很美妙：住在装潢讲究的别墅里，院外是恬静的田园风光。房内配置了有线电视、电子游戏、无线网络和许多书刊，还有满足你爱好的各种设施。这里有享用不尽的美食佳酿，有触手可及的消遣娱乐。但美中不足的是：你身边没有任何人，没有人可以与你沟通。你完全是个孤家寡人，不能使用电话和电子邮件，不能访问任何聊天室，也不能收发短信。整个假期你看不到任何人，也不能以任何方式和其他人联系。除此之外，你几乎能得到想要的一切。这样的黄金周滋味怎样？没有几个人能享受这种孤独，大多数人马上会发现自己完全和他人隔离了，这让人极度紧张。人类需要和其他人接触，对此我们往往认识不足。这也是监狱有时用单独监禁来惩罚犯人的原因。人类是非常社会化的动物。如果剥夺了和他人的紧密接触，人就会很痛苦，人类社会属性的核心部分正是对亲密关系的需要。

这段话是否让你产生了共鸣？确实，与他人在一起不仅符合我们的生存需要，也是个体存在感的重要实现途径。但是你必须认识到，在亲密关系里的你，依然是你——一个有独立自我，有丰富的精神世界，有兴趣爱好与追求的人。

在我看来，一个人首先要能够自洽，能够关照自己，才能去建立与他人的亲密关系。在这一点上，女性确实面临着更多的挑战与困难。无论是文化层面，还是社会层面，女性以独立之姿生活的时间都不算太长，很多时候，女性的人生从一开始就被定义在各种关系里，没有人教过我们如何独立地生存、思考。为了独立，我们甚至要花费大量的精力与世界抗争；为了独立，我们还需要学习更多的生存技能。这给很多女性带来了很多困扰，处处都是矛盾和困难，也进一步加剧了亲密关系的恶化。

你读过鲁迅先生的杂文集《坟》中那篇名为《娜拉走后怎样》的文章吗？这是鲁迅1923年在北京女子高等师范学校文艺会上的演讲稿，一经发表便引起了很大的反响，尤其是这一段：

> 然而娜拉既然醒了，是很不容易回到梦境的，因此只得走；可是走了以后，有时却也免不掉堕落或回来。否则，就得问：她除了觉醒的心以外，还带了什么去？倘若只有一条像诸君一样的紫红的绒绳的围巾，那可是无论宽到二尺或三尺，也完全是不中用。她还须更富有，提包里有准备，直白地说，就是要有钱。
>
> 梦是好的；否则，钱是要紧的。

在当时大众倡导女性解放、女性独立的社会环境下，鲁迅先生却给出了一个看似冷酷的判断，这种对于女性独立的深刻思考，对我们理解过去和当下女性的处境仍然有着重要的思想价值。其实，无论是那时还是现在，不少曾经从家庭步入社会的女性，最终还是会回归家庭，像陈衡哲、杨步伟、许广平、杨绛这些奇女子，也都是以婚姻生活作为人生的主线。这不能简单地理解为一种悲哀，而是时代所需，也是女性觉醒的必然过程。当然，这是另一个话题，我会在后面的信中为你做更多的介绍。

看到这里，你是不是觉得有点郁闷？这也太难了，亲密关系重要，自己的独立也重要，这两件事又会互相影响，要想都做好更是难上加难，而且终究还是要靠自己更加努力。没错，确实是这样，能决定幸福和亲密关系的人就是你自己。

无数心理学书籍都告诉我们，如果一个人处理不好与自己的关系，便很难拥有良好的亲密关系。换句话说，如果你不能很好地独处，就很难处理好与他人的关系。

民政部数据显示，2021年，中国将有9200万人独自生活。独居的原因多种多样，但更值得我们关注的是他们中那些因为独处而感觉幸福的人。他们享受自由自在的独居生活，把时间、精力和关注点放在了自我成长、亲近大自然、阅读、旅游、美食、养小动物、冷门小众的业余爱好等方面。在这些过程中，他们与世界、自然和自己，都建立起了和谐的关系，毫无疑问，这种特殊而美好的"亲密关系"给他们带来了幸福。

哲学家萨特有一句话经常被人引用："如果你在独处时感到很孤独，那就说明你正处在一种糟糕的自我陪伴关系里。"独处时之所以感觉不幸福，很大程度上是因为独处的人只看到了周遭冷清的现实世界，而没有去感受丰富的精神世界，没有去构建一个属于自己的"元宇宙"。这就是我一直大力倡导阅读的原因。

彼得·门德尔桑德在《当我们阅读时,我们看到了什么》中写道:"当我们阅读时,我们从表象世界抽离的速度之快超出我们的想象。"在那个时刻,我们身处的世界与眼前的文字世界重合、交融、互相影响,并形成一个新的空间。我们该如何去认识这个新的空间?又该怎样定义某个时刻?那一刻的我还是不是我?这样的抽离对我们的生活而言意味着什么?也许这就是阅读的魅力,它为你打开了一扇门,你既在门里也在门外,你的状态完全由自己决定。在某种意义上,此刻的你是完全自由的。依心理学家阿德勒之见,这种自由让人获得了一种"被讨厌的勇气",因为完全不需要考虑人际关系所带来的麻烦,也不用关心自己的价值和存在,你完全自由地成了另一个生命。"元宇宙"里的人是否有这种自由我不得而知,但在我想来,他们可能甚至不如此刻的你自由。

这种自由的状态是只要打开一本书就能拥有的吗?答案显然是否定的。我想这不仅取决于你打开了一本什么书,更取决于你是个怎样的读者。

比如,你打开的是叔本华的《作为意志和表象的世界》,你可能会从第三页开始就发现这个世界不欢迎你,而你就像一个误闯外星世界的异星人,无论如何都找不到路,更不明白每一个字背后有什么陷阱;如果你打开的是《白鹿原》,尽管书中的世界离你依然很遥远,但你的生命、文化基因中的某些东西会让你感觉到书中所写的一切并不完全陌生，至少你可以安全地往前走。但是，你不太可能随时随地打开一本书并进入这样的状态，即使你进入了这样的世界，如果碰到让你不舒服或理解困难的地方，你瞬间就会抽离，重新回到现实世界。与玩游戏类似，你输了、被人"秒杀"了，于是你重新来过，不同的是，再次回到游戏里，你想的是我一定能赢，而阅读时你很有可能就会放下书本、拿起手机，选择更轻松的消遣。因此这需要我们拥有阅读的能力。

以我为例，我小时候一直生活在爷爷奶奶身边，直到七岁才回到父母身边，所以和他们不是很亲密。父母工作忙，还要照顾小我三岁的弟弟，几乎顾不上我。而学校里的其他同学都是从小一起长大的，也不爱带我这个陌生孩子玩。当时的我确实有些难受，主要的原因是想念奶奶，没有了她的疼爱我会感到失落，而同学们对我的疏远并没有带给我太大的困扰，因为大概在我三岁时，爷爷就开始教我看书，还给了我很多"小人书"。他告诉我："好好看书吧，书会是你最长久、最忠实的朋友。"

从那以后，大部分时间里我都是一个人默默地看书，有不认识的字就自己查字典，或者瞎猜，全家人都知道我是个"小书呆子"。上学的时候我已经认识很多字了，每天都担心没有时间读完自己喜欢的书。你可以想象一下，一个七八岁的小姑娘，书包里装着好几本书，只等着下课后赶快读，根本不在意有没有同学一起玩。现在回想起来，我都觉得那时的自己很酷。事实上，后来我跟同学们都成了好朋友，我还以全票当选班长。可能是因为我读过不少书，当时无论是思想还是见识都真的"碾压"了别的同学，所以虽然我的成绩算不上特别好，但是在班级里很有话语权，老师们还奇怪为什么同学们都很听我的话。后来我在职场上也是如此，尽管我年龄小、资历浅，也没什么职务背景，但同事们都很愿意听我的意见，因为一个人的知识和见地是没办法隐藏的。在后面的信中我再给你讲这些有趣的职场故事吧。

最后，我想就经营亲密关系给你一些建议，希望它们可以让你在良好的亲密关系中感受到幸福：

充分沟通。良好的沟通是一切的基础，沟通有助于加深理解、促生共情，因此，在亲密关系中，你可以花一定的时间与对方交流，分享彼此的感受和想法，倾听并尊重彼此的观点，学会正确地表达，不去扭曲或评判对方的言辞，避免争吵和指责。

保持尊重。尊重是亲密关系中不可或缺的要素，尊重对方的感受和隐私，才能给相互信任建立基础，从而拥有一段稳定和健康的关系。而且你要记住，尊重是一种持之以恒的状态，不是一劳永逸的。

建立信任。亲密关系需要建立在互相信任的基础上，诚实守信的行为可以加固彼此的信任，让你能长时间维系一段亲密关系。

分享兴趣。共同的兴趣爱好可以强化你和对方的联结，你可以试着找一些你们都感兴趣的活动或爱好，比如一起学习新的技能，一起运动、旅行，等等。

重视亲密时刻。花时间创造亲密时刻非常重要，你可以和对方一起做饭、看电影、散步，和对方亲密接触，或者进行其他一些特别的活动，给彼此共处的时光增加一些仪式感。

提供支持。给予支持是亲密关系中的关键要素，你可以试着理解并支持对方的想法、梦想和目标，和对方一起努力。

亲密关系是需要长期经营和维护的，只有投入时间和精力，和对方一起成长，才能建立健康和幸福的亲密关系。

不知道现在的你是一个人生活，还是已经拥有了一段稳定的亲密关系呢？希望你能重新审视你与自己、与他人的亲密关系，进而获得幸福。

祝每一种状态的你都安好！

宸冰

▶ **延伸阅读**

《我是夏始之》余耕 著

《亲密关系》[美] 罗兰·米勒 著

《坟》鲁迅 著

《作为意志和表象的世界》[德] 叔本华 著

《我独自生活》[美] 弗朗西·希利 [加] 戴莹潆 著

《白鹿原》陈忠实 著

◦ Ⅲ ◦

/ 第 3 封信 /

幸福与生育

它不再是每个女性必须经历的过程。你有权利自主选择,这是你对自己身体的尊重,也是对生命的尊重。

亲爱的悠悠：

你好！

最近好吗？关于幸福的话题是否引起了你的一些兴趣呢？我想幸福大概是我们一生都会探讨的话题，那咱们就继续再慢慢讨论吧。

我记得微博上曾有过一个热门话题，是关于一个著名的女性舞蹈家的。当时，该女性舞蹈家发布了一个视频分享自己的生活，视频下有这样一条评论："一个女人最大的失败就是没有子女，到老也享受不到儿孙满堂的快乐，即使再美再优秀也逃不过岁月的摧残。"评论者甚至直接攻击她没有生育是不负责任的行为，而这种带有传统固化思想的评论甚至获得了上万的点赞数。一时间，关于女性是否必须靠生育来体现人生价值的话题引发了诸多讨论。今天，咱们的关键词就是"生育"。

池莉在其代表作《太阳出世》中对这个话题有过最生动真实的讲述。从怀孕到生产，女主人公李小兰不仅经历了另一种生命体验，也在这个过程中完成了蜕变。书中有这样一段描写："突然，肚子里边弹动了一下，一会儿，是个大动作的蹬踏，她的肚皮凸起了一个小包块随后又消失了。胎动！……李小兰觉得眼窝里热乎乎的，心窝里也是热乎乎的，却不是泪。眼窝里的热流流向心里，心窝里的热流流向小腹，流向那个挥脚舞手的小家伙。"这些细节着实令人动容。

正如书中所描写的那样，这种与新生命的连接和体验，无疑是专属于女性的幸福。生育是女人具备生命活力的象征之一，也是女性实现自我价值的途径之一。这是男性几乎无法体会和理解的。

与此同时，生育又充满了痛苦与牺牲。尽管作为母亲我早已遗忘了生育时的痛苦，但任何认为这种痛苦是理所应当且正常的想法，我认为都是不公平的。波伏瓦说："（女人）感到它（指怀孕）既像一种丰富，又像一种伤害。"生育无疑是伟大的，但这并不意味着女性就理应承受与此相关的所有痛苦，甚至没有拒绝的权利。

关于生育的痛苦，女性作家曾有过不少描述，萧红就在其主要作品中多次描写了女性的生育体验。作为20世纪中国文坛备受推崇的女作家，萧红的作品深刻反映了当时中国社会的残酷和女性的生存状态。在她的笔下，女性的身体经常被视为一种牺牲品，无论是在性还是爱的场景中，女性都承受着巨大的痛苦和苦难。她写道：

等到村妇挤进王阿嫂屋门的时候，王阿嫂自己已经在炕上发出她最后的沉重的嚎声。她的身子是被自己的血浸染着，同时在血泊里也有一个小的新的动物在挣扎。受罪的女人,身边若有洞,她将跳进去!身边若有毒药,她将吞下去!她仇视着一切,窗台要被她踢翻。她愿意把自己的腿弄断,宛如进了蒸笼,全身将被热力所撕碎一般呀!

看到这里,我相信每个女性都会感同身受。对于女性来说,这种痛苦仿佛是与生俱来的。萧红写出了这种痛苦,其中还夹杂着成就感和幸福感,这些交织在一起的复杂情感难以言传,是不曾经历过生育的男性无法体会和理解的。

不知道你有没有意识到,"生育"是一个动词,它包含了"生"和"育"两个字,这意味着生育是一个开始,也是一个决定女性此后人生的角色、状态、选择乃至命运的开关。如果说"生"的痛苦都会过去,甚至已经在孩子的啼哭声和笑声中变成了一种骄傲的回忆,那么关于"育"的一切才刚刚开始。也许我们都没有想到,与"生"所致的身体疼痛相比,"育"之痛究竟意味着什么。生理性疼痛是可以缓解的,而"育"显然有着更大的考验。"为母则刚"这句话的背后是人类历史上每一位坚强勇敢、甘于奉献的母亲,但另一方面却意味着女性必须放弃自我追求和更自由的生活。那么,到底要不要作出这样的选择呢?

这个问题的答案并不是唯一的。著名作家王安忆写过一篇探讨女性问题的小说《弟兄们》,其中一位主人公就非常理智地将想法表达了出来:"这一辈子决不要孩子。我们都已是结了婚的人,只剩半个自由身了，如若再有个孩子，这半个自由身也保不住了。自由是多么宝贵啊！"这篇小说发表于20世纪80年代，那时候的女性有这样的想法绝对算得上惊世骇俗了。当时，女性作家只能将她们内心的真实感受与渴望诉诸文字并呈现在作品中。我想，你和你身边的闺蜜大概会对此嗤之以鼻吧，21世纪的女性可以将这种想法大方地说出来，不少父母也接受了这样的选择。我身边也有很多这样洒脱理性的女子，她们喜欢孩子，也对新生命充满好奇和感动，但就个人选择来说，不生孩子是不需要纠结就能决定的事情，她们也能坦然面对自己的决定。我觉得这当然是一种幸福，尽管这种幸福并不轻松，难免有人会后悔，但至少她们可以坦然地表明自己的态度，不用在意别人的眼光。

写这封信前，我做了个小范围的调查，问了几位女性朋友关于生育的看法，得到了几个很具有代表性的答案。一位已经有两个孩子的年轻妈妈一脸迷茫地说她从没想过这个问题，很自然就结婚了，接着就生了孩子，至于要不要生、生之后会怎样，她完全没有考虑过。另一位妈妈说，因为她的父亲是医生，很早就告诉她一定要在29岁之前生孩子，这样风险小，所以她坚定地采纳了这个建议，为此不惜和初恋男友分手——对方不想太早要孩子。后来她遇见了现在的先生，顺利地按计划生了女儿，没有太多的迷茫和纠结。另一个单身的女孩说，她可能会选择不生育，除非遇到一个自己很爱的男人，能够让她有信心生孩子，而对她来说最难的是如何让父母接受自己不生育这件事。还有一个朋友则面临着不能生育的问题，她试遍了各种方法，打针、吃药、看医生，这些年几乎没干别的事，一心扑在如何能生个孩子上，可惜之前的几次怀孕都流产了，现在她承受着巨大的精神压力和身体不适，正在做下一次的努力。这只是我身边的几个真实案例，却像一个缩影，映射出更大的社会现实。

你也许会问我，我当初是怎么选择的。我要诚实地告诉你，我其实也是在没想明白成为母亲意味着什么时就做了母亲。我自己选择了情感和婚姻，孩子却是个意外，他在我没有预料的时候出现了，我没有思考别的选择就接受了这个事实。还记得我前面讲过的职业选择吗？我非常爱孩子，这种情感里有很大一部分是想弥补自己童年时期缺失的母爱。我这么说并不是在责怪我的父母，现在我早已与他们和解，我只是希望通过爱一个孩子来学会爱。我经历了痛苦的孕期，因为当时我有强烈的孕吐，几乎不能吃任何东西，因此孩子四个月时显示发育不足，医生说如果不采取措施，孩子就有可能保不住，我只好每天去医院输液，每次输两瓶500毫升的葡萄糖和两瓶500毫升的氨基酸，一输就是一天。我静静地躺在病床上，看那些冰冷的液体流进我的身体，想象它们能够滋养孩子的生命。

繁衍、哺育后代是女性的使命之一，但做母亲并不是每个女性天生就会的。每个人都有选择的权利，不管是否成为母亲，我们都必须意识到自己的选择意味着什么，还必须明白，孩子不应该成为衡量你的选择正确与否的砝码，也不是你全部的生命价值。我们选择生育孩子并不意味着就要放弃自己，因为那样的认知会带来比生产更深切的痛。

我并不会因为怀孕时受了很多苦而认为生育只是痛苦的，也不会因为这个孩子得来不易就盲目地为他付出一切；我不会因为有了孩子就放弃自己的事业，也不会因为心疼孩子就对他无微不至地照顾呵护；我不会因为把小小的他送进寄宿学校而心怀愧疚；也不会因为单独养育他而沮丧懊恼。在我看来，对一个生命而言，给予他充分的空间与成长的可能，展现出自己作为母亲热爱生命的姿态，以平等的心去尊重他，并为他提供恰当的帮助与陪伴，这才是最重要的。因此，我会为了孩子而勇敢地去往更广阔的天地，而不是一味牺牲；我会为了孩子而努力工作，但这不是负担；我会为了孩子而学习成长，但这不是迫于无奈。其实，生命与生命之间的缘分和联结可以有很多形式，母亲不是被定义出来的，而是用心体验的结果。

所以，有人因为生育背后的"隐形枷锁"而陷入矛盾、纠结、焦虑，也有人因成为母亲而重塑了一个新的自己。

我再给你讲个故事吧。提起徐志摩和林徽因，你一定不会觉得陌生，但我要给你讲的并不是他们的浪漫情感故事，而是故事中的另一个重要当事人——徐志摩的妻子张幼仪。曾被徐志摩嫌弃地称为"乡下土包子"的张幼仪，嫁给徐志摩之后的主要任务就是生育，这一点她和徐志摩都心知肚明。她不仅是徐家传宗接代的工具，更是成全丈夫的重要砝码，她顺利生下长子，徐家才会同意出钱让徐志摩前往欧洲游学。因此，对16岁的她来说，成为母亲并没有带来多少幸福和喜悦，因为孩子的父亲只想赶快离开她，当然，她也默认了这种安排，因为在那个时代，女性成为某人的妻子就要为他生儿育女，无怨无悔。

后来，张幼仪出国与丈夫团聚，怀上第二个孩子时，她清楚地知道，这个男人爱的是别人。作为那个时代的女性，她既不敢计较，也不想计较，她甚至能接受丈夫纳妾，毕竟她马上就要再次做母亲，无暇顾及其他。但是，她不知道，无论是她还是她的孩子，都不在那个男人的考量中。张幼仪怀次子两个月后，徐志摩不仅对她置之不理，甚至要求马上离婚，见张幼仪不答应，便一走了之，将她一人撇在异国他乡。张幼仪只好求助于自己在法国和德国留学的兄弟们。

之后，在旧时代的封建思想中长大，满脑子相夫教子、从一而终的张幼仪竟然神奇地顿悟了。在待产的数月间，她开始反省自己与徐志摩的关系，对比了自己与徐志摩所崇尚的现代派女性的不同之处，深深意识到，虽然自己并没有裹脚，但是自己保守、僵化的思维与行为方式，在徐志摩眼里，与裹脚其实没有区别。这样的反思让张幼仪有了觉醒的力量。1921年，当张幼仪从法国乡下离开时，自觉与之前已经有了极大的不同。她这样说："等我离开法国乡下的时候，我已经决定同意徐志摩的离婚之议。我要追寻自己承继的特质，做个拥有自我的人。"1922年，当张幼仪在柏林生下她的第二个儿子彼得时，徐志摩追到柏林，再一次向她提出离婚的要求。此时的张幼仪已全然不是之前那个胆小、懦弱、保守的女性，她毅然决然地在离婚协议书上签了名。他们的分道扬镳被称为"中国第一桩现代离婚案"，徐志摩成为现代婚姻史上第一个敢于登报公开自己离婚消息的知识分子，没有任何交代地留下了独自疗伤的张幼仪与嗷嗷待哺的孩子。

林徽因与徐志摩终究没有在一起。张幼仪抱着自己不满周岁的幼子，静静地面对徐、林二人在北京城内掀起的恋爱风波，不声不响地选择在异国他乡重新开始生活，重返校园进行学习。张幼仪回忆说："我已经对自己许下诺言，要尝试自己站起来，而提供这种训练的最佳地点就是欧洲。"

张幼仪的新生之路就这样开始了。遗憾的是，由于孕期情绪不佳、营养不良等多方面的原因，她的第二个孩子彼得出生时身体就不好，周岁时开始腹泻不止，之后病情日益严重，不满三岁就夭折了。这给了张幼仪沉重的打击。带着充满伤痛的自由之身，张幼仪回国了。此后的她显现出了超于一般中国传统女性的勇气与担当，经历了重重波折之后，她在上海安定下来，还出任上海女子商业储蓄银行的副总裁，以及云裳制衣公司的总经理。虽然得益于兄长的帮扶，但张幼仪的独立，以及令一众男性自愧不如的稳重与老练，无一不在其商业经营中发挥着重要的作用。战争前后，她带领上海女子商业储蓄银行撑过了一道道难关。张幼仪以其博大而包容的情怀，在徐志摩所乘坐的飞机失事后，向与徐志摩有关的人们伸出了援手：替徐志摩的父母养老送终，帮徐志摩的爱人摆脱困窘，养育自己与徐志摩唯一的孩子阿欢，尽职尽责地解决了与她的命运相纠缠的所有人的难处。

梁实秋在《忆徐志摩》中这样评价张幼仪："凡认识她的人没有不敬重她的，没有不祝福她的。她没写过文章，没做过宣传，她没有说过怨怼的话，她沉默地、坚强地度过她的岁月，她尽了她的责任……"是的，尽了责任——母亲的责任，女人的责任，这看上去似乎与生育的话题无关，但当怀着孩子的张幼仪在法国乡下经历痛苦的反思与蜕变时，我们宁愿相信，正是这份母性的力量，赋予了她无限的勇气和决心。某种意义上，她与孩子一起新生了。

今天，我们看到女性的地位越来越受到重视，身边越来越多的女性选择在事业、学术、艺术等方面实现自我价值，而不是把重心全部放在家庭和生育上。生育不再是每个女性都必须经历的过程。从某种意义上说，每个女性都应该有权利自主选择是否要生育，这不仅是对自己身体的尊重，也是对生命的尊重。而我相信这种选择应该得到尊重和支持，女性应该有平等的机会去追求自己想要的生活。

当然，与此同时我们也应该反思和关注当前生育率下降的现象，一起积极地探讨如何让女性在事业和家庭之间达到平衡，如何营造良好的生育环境，让女性更加愿意并且能够选择生育。无论如何，生育是一项重要的社会责任，我们需要共同努力来维持生命的延续和人类的繁荣。

不知道你看完今天的信心情如何？是痛斥徐志摩的薄情，还是敬佩张幼仪的改变？是坚定地选择生育，还是潇洒地选择丁克？在所有关于女性幸福的要素中，孩子大概是无论如何都绕不开的话题。那么，你会作出怎样的选择呢？别着急回答，让自己做更充分的思考吧。

祝好！

宸冰

延伸阅读

《太阳出世》池莉　著
《呼兰河传》萧红　著
《第二性》[法]波伏瓦　著
《弟兄们》王安忆　著

/ 第 4 封信 /
幸福与使命

这种使命的背后，是两代人共同的修炼，我们要深刻领悟到我们有共同的方向，才能一路并肩前行。

亲爱的悠悠：

你好！

上一篇我们聊到了生育，你是不是已经有了自己的思考呢？有没有跟身边的人交流过这个话题呢？我和一些男性讨论了这个话题，了解到一些不同的观点，想分享给你。

在有些人看来，生育是女人的使命，这是男人无法拥有的先天条件。某种程度上来说，女人只要生了孩子，就已经实现了人生的意义，也体现了自己的价值，可以说，已经完成了人生的重要任务。而男人却没有这个机会，男人想要的使命感、价值感和意义感，都需要靠自己的拼搏、奋斗甚至厮杀才能获得，更残酷的是，大多数时候他们将一无所获，最终失败潦倒、一无所成地离开这个世界，这多么令人沮丧啊。

听了这些话，我不禁开始思考，这仅仅是一个群体的看法，还是事实本就如此呢。难道用一个母亲的身份就能证明、体现女性的使命感与人生意义吗？如果说在传统的父权价值体系下，女性的生育能力是保证男性生命及财富延续的重要途径，女性成为母亲才有可能保证整个家族的血脉传承,那么,女性不仅没有选择的权利,甚至也很少思考这个问题。只要你选择成家,母亲这个身份就是你最正确的标签和终极目标。那么在当今这个时代,我们又是怎样看待这个问题的,对母性、母亲,我们又有什么反思呢?如果这确实是女性天然的责任,那么女性究竟为此付出了什么?为什么并非所有女性都能从中体会到成就感与幸福感呢?为什么更多的现代女性并不接受这样的使命呢?有没有更深层次的问题需要我们进一步思考呢?

有一本书,名为《坡道上的家》,这本书和由它改编的电视剧都引起了很多读者和观众的热议。作者角田光代是当今日本文坛三大女作家之一,她犀利而敏锐地捕捉到了整个东亚文化对女性的诸多偏见,并写下了这本发人深省的书。在书中,一位在家照顾三岁女儿的全职妈妈成了民众陪审员,要参与一起案件的审理。犯罪嫌疑人也是一位全职妈妈,她亲手将自己八个月大的女儿溺死在了浴缸里。担任陪审员的全职妈妈一开始义愤填膺,但随着案件的审理,她逐步了解到更多的细节后,惊奇地发现被告所经历的种种,仿佛与自己的人生产生了重叠,全职妈妈遇到的种种困境一一再现,与此同时,由于把过多精力投入到案件审理中,她无法兼顾家庭,曾经和谐美满的家庭开始出现各种矛盾,她也变得心力交瘁、痛苦焦虑。

除了这个虚构的故事,不知你是否听说过香港名媛罗力力产后抑郁抱着孩子跳楼自杀的新闻?与其他全职妈妈相比,罗力力没有任何经济压力，但生孩子怎么就变成了她的催命符呢？类似的极端事件屡屡发生。这些都在提醒我们面对一个事实，生育确实是女性独享的生命权利，但如果我们对此没有充分的认知和思考，也没有认真地认识和了解自己；如果我们没有把关于人生价值和意义最核心的问题思考明白，也不能对自己的人生态度和追求有所界定；如果我们不能对生育及其背后的责任担当有充分的预期和心理准备，也不能对这个新生命与我们自身的关系进行正确的解读，那么我们很容易在伴随"母亲"这个身份而来的一系列考验中发挥失常，对当今的年轻女性来说尤为如此。

生育绝不是简单的孕育生命，它是女性与这个世界的联系，也是女性寻找自身生命意义的途径之一，从这个角度来说，它确实是一种使命，这种使命的背后是母亲与孩子共同的修炼，只有深刻地领悟到彼此有共同的方向，意识到这一路要并肩同行，才能清醒而平等地看待母亲这个身份，才能用更加宽松开放的态度来处理好两个生命之间的关系。作为母亲，要学会在爱孩子的同时好好爱自己，也要学会在孩子成长的阶段积极地进行自我提升，这样，我们才能从容自在地给予这个新生命力所能及的照顾、平等尊重的陪伴和洒脱信任的目送。

最近，我读了《活出极致：丘吉尔的硬核母亲詹妮》，我发现丘吉尔的妈妈詹妮就是一个这样的女人——她不仅充分理解了这种使命，而且在自己强悍的一生中，将这种使命发挥到了极致。

翻译这本书的陈慧老师在前言中写道：

> 本书的女主人公是一位独一无二的女性，即使已到了67岁高龄，甚至躺在医院病床上的时候看上去仍然显得十分年轻。她脸上几乎没有什么皱纹，她的微笑相当迷人；她的眼睛，"那双任性的大眼睛"依然闪烁着热切的光芒。在她的一生中，她一直是英语世界最有影响力的女人之一。她全力以赴，帮助她的丈夫从一个社交外行的人变成大英帝国最显要的人物之一；她满怀挚爱，雄心勃勃，把她的儿子温斯顿·丘吉尔培养成那个时代英国最伟大的人物之一。
>
> 她给她儿子寄书，促使他的写作和演讲精益求精；她运用巨大的影响力，让她儿子从一场战争奔赴另一场战争；她帮助儿子早年便获得战地记者的职务，帮助他发表首批作品和首批著作；她同他一起为他早年的竞选拼搏；她为他打开了通往显赫人物途径的大门。但最重要的是，她给他以无尽的勇气和精力。
>
> 她的精力也是异乎寻常的。在她的一生经历中，她曾经当过国际文学杂志的主编和出版商；她曾经为布尔战争组织过医疗救护船，用船将第一批伤员运送回国；她是

一位具有专业水平的钢琴家；她先后当过剧作家、小说作家和记者；她主持过全国展览会和各种戏剧的会演。当时还不允许妇女单独外出看戏，可是她却已经单枪匹马地去参加政治竞选活动。

　　她一生中结过三次婚。她的第二次婚姻富有浪漫色彩，但是并不十分美满；第三次结婚倒是很美满幸福的，但是又不甚浪漫。她在63岁的时候和一位比她儿子温斯顿还年轻的男人结了婚，那时她的容貌依然是那么美艳，因此这次婚姻并没有使人们感到意外。詹妮没有什么圣洁的品质。当然她是属于她那个世界的，那个世界充满着伪善的道德，装模作样，又吵吵闹闹，只不过用一层薄薄的虚伪的礼来掩饰而已。所以她身上也保留着她父母的习性：势利一如其母，而耽于声色则一如其父。然而，促使她成为她那个时代中独一无二的女人的，却是她自身所拥有的特殊魄力。英国前首相阿斯奎斯夫人提起詹妮时曾说过："她能够主宰世界。"在某种意义上说，她几乎就支配过这个世界。

这样的人生看上去是不是很励志？在那个年代，詹妮不得不选择以婚姻和生育作为自己唯一的生活方式，但是，这个选择并没有让她泯然众人，她充满斗志地把"妻子"和"母亲"变成了终生的事业，她身上那种永不屈服的劲头和不达目的誓不罢休的奋斗精神，成就了她的丈夫与儿子，也成就了她自己。

与丘吉尔的母亲詹妮相比，还有一个大名鼎鼎的母亲，她就是埃隆·马斯克的母亲梅耶·马斯克，虽然她也有一个优秀的儿子，但她显然更看重自己的另一个使命，那就是实现自己的人生价值。也许，没有埃隆·马斯克的成功，就不会有这么多人知道梅耶·马斯克，但毋庸置疑，她并不在乎儿子带给她的光环，她很小就跟着父母开飞机四处旅行和冒险，从那时起，她就很清楚自己会"冒险而审慎地生活"。这句话伴随她走过了幸福的童年时光，也走过了婚姻失败的至暗时刻。

梅耶·马斯克的人生充满了起伏和挑战。她15岁进入模特行业，16岁时被选为南非小姐。然而，她婚后却经历了长达9年的家暴，她的丈夫经常对她动手，并在孩子出生后威胁她不准与亲人和朋友见面，还以孩子的生命威胁她，让她对暴行保持沉默。在当时的南非，家暴是司空见惯的现象，社会体系和意识形态也不支持女性离婚。

在这种社会环境下，她很难离婚。幸运的是，在她婚后的第九年，她31岁时，南非通过了《不可挽回的婚姻破裂法》，这使得她终于可以通过法律程序正式离婚并成为单亲母亲。为了孩子的抚养权，她一次次走进法院、准备文书，一次次面临可能会失去孩子的恐惧，这个过程持续了10年之久，而且并不顺利。

然而，梅耶并没有放弃，她认为这只是黎明前的黑暗时期。她一个人带着三个孩子，面对身体和精神的双重折磨，坚持不懈地为自己和孩子们争取权益。最终，她成功获得了抚养权，并为自己和孩子们开创了新的生活。

与此同时，她一直没有放弃自己的梦想和追求。她辗转于多个国家的不同城市，获得了两个硕士学位，在自己的事业上取得了成功，并独立培养出了三名出色的子女。

在60多岁的时候，她重返模特舞台，尽管已经满头白发，还是大放异彩。如今，她已经74岁了，成了一名"网红"，并且被众多女性视为励志偶像。她的故事向我们展示了无论何时都能追求梦想并实现成功的可能性。

梅耶的故事向我们展示了坚韧和毅力的力量，她克服了困难和挑战，为自己和孩子们铺就了一条新的道路。她的经历提醒我们，尽管环境和社会意识可能会限制我们，但我们可以通过努力和奋斗来改变自己的命运。

这两名非凡的女性，都因为自己的儿子而受人关注。某种意义上，她们确实是在生育的那一刻就完成了人生的重大使命，但因为时代不同，她们的命运与选择也在主动与被动之间呈现出不同的走向。无论是像詹妮那样将全部希望寄托在儿子身上，还是像梅耶那样选择让自己成为强者，于我们而言，重要的不是结果，而是过程，是每一次看似艰难却又必须进行的选择，是每一次无比困难却又咬牙坚持的意志，是没有屈从于女性身份的使命感与拼搏精神。拥有一个被世人赞誉追捧的儿子，确实是一种幸福，但只有将它与自我认同和自我价值紧密连接，才是不委屈、不卑微、不流俗的幸福。

之前，我的一个闺蜜生了宝宝。生产过程中，由于无法顺产，医生临时决定进行剖宫产，后来又因为她对麻药过敏导致呼吸道水肿，需要做气管切开术，就这样，产科和外科的大夫同时对她进行手术，对家属下了多次病危通知，抢救过来后她直接被送进了重症监护室，一周后她才第一次见到自己拼死生下的儿子。我去探望她时，看到她原本光洁无瑕的脖子和肚子上留下了永久性的伤疤。她一边讲述惊心动魄的生育过程，一边幸福地哄着孩子。我问她："值得吗？"她说："没有想过值不值得，只是觉得自己愿意为了这个孩子付出一切。"她的孩子也许以后不会成为像丘吉尔、马斯克这样的大人物，但是，这个母亲同样完成了自己的使命，实现了自己的价值。

杨丽萍曾说："我是生命的旁观者，我来世上，就是看一棵树怎么生长，河水怎么流，白云怎么飘，甘露怎么凝结。"

无论是我的闺蜜还是杨丽萍，每一个人来到这个世界，都尽力在自己的生命里体验生而为人的所有可能，以及千百万种风景，就算错过了一些风景，也总能看见另一些风景。瞿秋白在《关于高尔基的书》一文中写道："说起来，文化和知识的传播似乎是'知识阶级'的使命。"那什么才是一个女性的使命呢？我想答案应该如世间千娇百媚的女子一般是百花齐放的吧。

今天的话题就快结束了，现在的你是否也被生育困扰呢？如果是，请你做一件事，拿出一个你最爱的笔记本，在其中一页写下"关于生育的思考"，然后在中间划一道竖线，左边写"不想生育的原因"，右边写"想生育的理由"，然后放一点轻松的音乐，开始自由地思考，把你的那些想法都记录下来。一定记得，不要犯女性最容易犯的错误，那就是"打乒乓球"式的来回思考，比如刚想到"我年龄已经大了，再不生孩子就生不了了"，马上又想"那又怎么了，很多女明星高龄产子也没事啊，再说医疗科技越来越发达，晚点生也没事"。这样的反复纠结，其实什么问题都解决不了。不要反驳自己，要先顺着一条思路往下想，实在没有新的想法了，再去考虑另一条思路。就这样，慢慢地，安静地，让自己开始进行有深度的思考，即使最后你作出了完全相反的决定，这个过程也会帮助你在日后坚定地接受自己选择的结果。最重要的是：要进行独立冷静的思考。经历这个过程，你不仅会收获自信与勇气，更会收获一份当下不焦虑、不盲目、不惶恐的幸福。

最后，我想送你一首泰戈尔的诗，诗名为《出生》，让我们在这首诗中体会一个女人的成长史，体悟其中蕴含的生理学、心理学、哲学、宗教等方面的智慧，在它的丰富文化内涵中思考自己的使命与幸福。

出生

泰戈尔

孩子对妈妈提问题:
"我是哪儿来的——
你是从哪儿把我捡来的?"
妈妈把孩子搂在怀里,
笑着回答,眼含泪水,
"你是我的希望,藏在我的心里。

你在我玩偶的游戏里,
早晨膜拜湿婆神之时,
我把你捏成,又把你捏碎。
肩挨着肩,你和我的神像
坐在神龛里的座位上,
我膜拜神,也膜拜你。

你曾经在我恒久的希冀
和我全部纯真的爱情里,
你曾生活在我母亲、祖母的胸怀——
我们家这幢旧楼的

慈祥女神的暖怀里，

不知你隐藏了几个朝代。

当青春之花在

我的心田盛开，

你消融在馥郁的花香里，

悄悄地附于

我丰润的身体，

扩展你的柔软和细腻。

你是众神的宠儿，

你是常新的过去，

你是晨光的孪生兄弟——

你从世界之梦的

欢乐之河上漂来，

以新的面貌出现在我的怀里。

目不转睛地看着你，

我猜不透你的奥秘，

属于大家的你怎么成了我的。

你亲这个人，亲那个人，

最后以我孩子的身份

笑嘻嘻地出现在人世。

我害怕失掉你,

把你紧抱在怀里,

你走开一步,我急得落泪。

我不知道靠什么法术

将你这世界的财富

永远搂在我柔弱的臂弯里。"

祝读诗的你宁静而美好!

宸冰

▶ 延伸阅读

《坡道上的家》[日]角田光代　著

《活出极致:丘吉尔的硬核母亲詹妮》[美]拉尔夫·G.马丁　著

《人生由我》[美]梅耶·马斯克　著

《出生》[印]泰戈尔　著

。V。

/ 第5封信 /
幸福与母女关系

　　世间的女性只有两种：母亲和女儿。"母亲的态度，取决于她的整体处境以及她对此的反应。"

亲爱的悠悠：

你好！

你小时候有没有偷偷擦过妈妈的雪花膏、口红，悄悄试过妈妈的高跟鞋？每个女孩都曾在母亲的身上欣赏过女人的独特魅力，向往自己长大后的风采，也曾在母亲身上感受到无奈和伤痛，暗暗下决心，一定不犯同样的错误。等我们终于磕磕绊绊地长大了，自以为拥有了自由，任性地想活出不一样的自己时，却悲哀地发现，兜兜转转，我们最终还是活成了母亲的样子。

波伏瓦曾说过："母亲的态度，取决于她的整体处境以及她对此的反应。"事实上，身为女性，我们终其一生都将面对这样的态度与反应。有人说，世间的女性只有两种：母亲和女儿。两个女性之间的影响与微妙的关系，其实比我们想象中的更复杂。我们不禁要问，我们的经历和选择真的取决于我们自己的决定吗？我们潜意识中被影响的那部分人格来自哪里呢？我们对待男性的方式在多大程度上会受到母亲的影响？我们的亲密关系与母亲又有着怎样的联系？在原生家庭问题不断被提及的今天，你是否意识到，你的幸福感很大程度上会被你的母亲影响呢？如果你已经意识到了，我们又该如何走出这种看不见摸不着却又常常出现的阴霾呢？如果你很幸运，拥有一个好母亲，你是否知道该如何传承这份爱与美好呢？今天我就和你聊聊这个困扰了很多女性的话题——母女关系。

看过《安家》这部电视剧的观众应该都非常厌恶房似锦的亲生母亲吧，这个角色与《欢乐颂》中樊胜美的母亲一样，重男轻女、自私冷漠、扭曲卑劣，将女儿视作自己人生的败笔，不仅没有任何温暖的照顾和关爱，而且在女儿长大成人后对其进行控制，理直气壮地像吸血鬼一样榨取女儿的血汗，让女儿无条件地为家中的男性成员付出，还贷、还债、买房，从不考虑女儿的压力和难处。

如果说这些是看得见的伤害，那更重的伤害则是看不见的——在女儿的成长过程中，这两个母亲都向女儿灌输了大量负面的价值观，长期的心理影响使得女儿成年后依然无法反抗压榨，而且严重缺乏自我认同感和安全感。毫无疑问，这种心理创伤将会严重影响女性一生的情感与生活、爱情与婚姻，甚至是对后代的养育模式。

剧中有个细节：房似锦刚刚出生时，母亲发现自己又生了一个女儿，便心生嫌弃，打算将她投入水井中淹死，幸亏被爷爷救下，才活了下来，这便是她的本名房四井的由来。很多观众觉得不可思议，母爱不是天性吗？怎么会有这么残忍的母亲呢？但这些剧情并不是单纯的艺术创作，在现实生活中，这种把女孩当作家里的摇钱树的例子比比皆是。这也让人思考，"母性"到底是什么呢？

母性在词典里的解释是"母亲爱护子女的本能"，也指女性像母亲一样去怜爱、保护人或物的本能。自古以来，女性的生育被视为人类社会延续生命的关键。这一伟大的使命被无数人赞美和颂扬，人们更是将"母亲"的称谓与神圣、仁慈、伟大等词汇等同。人们用崇敬和感恩之情裹挟了那些决意为人母的女性。母亲是孩子的第一位老师，意味着温暖的怀抱、亲切的声音，也意味着无数个日日夜夜的全心奉献。她们为了孩子的成长付出了太多，即使面对再大的挫折和困难，她们也会用自己的力量和爱来支持和鼓励孩子。因此，母亲的爱是无尽的、无私的、永恒的。这种母性被广泛赞誉，有无数诗人、作家、艺术家为它创作出精彩的作品，无论是中国人熟悉的"慈母手中线，游子身上衣"，还是惠特曼的"全世界的母亲是多么的相像！她们的心始终一样，每一个母亲都有一颗极为纯真的赤子之心"；无论是西方画家笔下那一幅幅充满母性光辉的油画作品，还是中国历史故事中深明大义、睿智慈爱的母亲形象，都让我们感动不已，但这也给平凡的母亲们戴上了枷锁，让她们以那样的标准来要求自己。

我们同时也要看到，在这些美好的母亲形象背后，女性自身的价值和社会认同并没有得到有效的确认。当一个女性所有的生命价值几乎都被定义在了"母亲"的设定上，而女性心理层面的压抑却长期存在，且被忽视，再加上，社会层面的功利思想也在消解母爱，那么，人性中的弱点便会被放大并凸显，由此产生很多不可思议的、扭曲的价值观，并以各种方式诉诸同为女性的女儿身上，比如，母亲对女儿的歧视、忽视甚至虐待。母亲还会把自身的不幸投射在女儿身上，并施以残酷的言行，更有甚者会在面对女儿时产生矛盾和仇恨的心理，在这种扭曲的"母爱"之下，女孩子的性格、情绪乃至三观都会受到不可逆的伤害。

对这个问题，张爱玲的认识可能不及他人深刻，但却少有人能像她这样用冷酷犀利、毫不留情的方式付诸笔端。对母爱，张爱玲的书写带有她一贯的刻薄与冷漠：

> 母爱这大题目，像一切大题目一样，上面做了太多的滥调文章。普通一般提倡母爱的都是做儿子而不是做母亲的男人；而女人，如果也标榜母爱的话，那是她自己明白她本身是不足重的，男人只尊敬她这一点，所以不得不加以夸张，浑身是母亲了。其实有些感情是，如果时时把它戏剧化，就光剩下戏剧了；母爱尤其是。

张爱玲认为，母爱只是人与其他动物都具有的本性，无须引以为豪。她甚至认为母爱只是被夸大、戏剧化了的感情。她在多部作品中都冷酷地描写出母亲与女儿之间无可逃脱的"阴影"，从《金锁记》到《小团圆》，张爱玲将自己与母亲之间扭曲的关系投射到了几乎每一本书里，让很多读者颇有共鸣。

　　张爱玲的母亲黄逸梵出身名门且才貌双全，作为那个年代深受五四新思潮影响的女性，她对自己的情感和生活方式都有特别的追求。张爱玲小时候爱画小人像，画中唯一的成人形象很像她的母亲：尖脸、纤瘦、八字眉。对儿时的张爱玲来说，母亲是自由、光明的。但是，当她与母亲生活在一起之后，那个其实并没有那么强大的妈妈，逐渐向女儿显露出了自私、严苛、急躁乃至不负责任的一面。张爱玲曾抱怨："妈妈吻过那么多男人的胸膛，却不曾吻过我的脸颊。"有人夸张爱玲忠厚老实，她母亲却说："忠厚是无用的。"张爱玲生病难受，母亲会口不择言地说张爱玲活着就是为了害人、麻烦人，甚至会经常表现出一副受害者的样子——张爱玲的投靠给她的经济和感情带来了干扰，她有一种"巨大的牺牲感"。

　　你看，这样的对话和情景是不是也曾出现在很多女孩的生命中？于是，慢慢地，我们开始怀疑，妈妈是不是不爱我？真相如何已经不重要，伤害在反复叩问之中已经凝固下来。越是渴望得到这份爱，爱而不得的恨就越强烈。悲哀的是，张爱玲发现，她慢慢变得越来越像母亲。甚至连她的创作中，也处处显示出母亲在生活方式上带给她的美学影响。而她在生活中也变得和母亲一样生硬、尖酸刻薄，一样有伤人的锋芒和尖刺，这在她的爱情中埋下了隐患。张爱玲在《小团圆》中写道："最终，你走的可能都是同一条路，而她一早知道。因为她是你的母亲，你们多少都一样。"

作为女儿，母亲给我们的影响将伴随终身，如果我们不认真地面对这种关系的本质，不弄清楚哪些信息和情绪在左右我们的选择，我们就很难真正意识到自己的问题，也无法对症下药，作出调整和改变，更无法创造属于自己的、不受干扰的幸福。因此，女性想成为更好的自己，首先要直面自己与母亲的关系。清醒地认识到母爱的复杂与影响，客观地看待母爱，接受母亲的不完美，意识到母亲不一定都是对的，母亲对待我们的方式也不一定都是健康的。而且，无论母亲如何对待我们，都不是我们自己的错，脱离这种影响才能建立起强大的内心，才能慢慢弄清楚自己想要的幸福是什么。

那么，我们该怎么做呢？有没有纯粹美好的母女关系？当自己做了母亲后，又该如何平衡现实与内心的冲突，更好地展现出母性中美好的一面呢？如何跳出这个母女关系的魔咒，勇敢地活出属于自己的独立人生呢？

我的秘诀是阅读，理解别人的人生，看见别人的改变，把自己放到更加广阔的女性世界中，放到更加深刻而理智的思考中，放到更有代入感的共情体验中。在生活中，绝大多数女性对极端的母女关系并没有明显的感受，对自己可能受到的来自母亲的影响也缺乏深刻的认知，这使得很多人在成年后出现情绪或情感问题时往往不知所措，找不到原因，只能陷入恶性循环。这时候，不妨从优秀的文学作品中寻找深层的原因，在书中人物的爱恨情仇里，感受母亲对我们的影响。通过阅读，走出个体的单一视角，为自我的觉醒和反思提供能量。

20世纪以来，很多女性作家都把目光和创作方向转到"母女关系"上。她们创造出了一幅幅丰富生动的图景，真切地表达了自己在生命体验中对母亲爱恨交织的复杂情感，这使她们获得了一种解脱与释然，并留下很多文学作品，反映了极端母女关系之下女儿的悲惨人生。比如，中国作家铁凝的作品《玫瑰门》，池莉的《你是一条河》，蒋韵的《落日情节》和徐小斌的《天籁》，以及美国当代现实主义女作家安妮·泰勒的《思家小馆的晚餐》等。尤其是《玫瑰门》，这是铁凝的一部很具代表性的长篇小说。

"玫瑰门"是女性之门的象征，它代表着女性在社会中的地位和角色。在小说中，作者对主人公司漪纹的生命历程进行了细致的描写，深刻分析了司漪纹从一个知书达礼的大家闺秀变成"恶母"的不幸经历，并通过书写几代女性的命运，揭示了女性所面临的恶劣社会环境。

司漪纹深受男性压迫，无法掌控自己的生活和命运。为了发泄不满，她将痛苦转化为报复，对其他女性施暴，虐待儿媳竹西和外孙女苏眉。这些举动并没有给她带来真正的安慰和满足，反而导致了家庭的破裂和悲惨的结局。这个故事揭示了女性在社会中受压迫的处境，以及女性之间互相迫害的极端现象，也道出了女性艰难的生存状态，呼吁人们重视女性的地位和权利，消除性别歧视，为女性争取更多的平等和尊重。

这部小说一经出版就引起了极大的反响。作家蔡葵说:"这是一部心理小说。通过人性之丑来表现人,表现一个完整的心理流程。"书中的司漪纹是人们讨论的焦点之一。王春林说:"司漪纹最显著的特点就是'自虐与虐人'。"而张韧的《为苏眉一辩》一文则指出,尽管小说有对母性的严厉审视,但同时也对女性持基本赞美的立场。

其实,如果你阅读这本书就会发现,女性隐秘的情感和母亲的天性很容易受到外界的影响,尤其是与之存在亲密关系的男性的影响。在现实生活中,我们也会发现,家中男性成员对待女性的态度,直接决定了母亲对待自己以及儿女的态度,当女性无法感受到爱与尊重时,大概率会以苛刻冷漠甚至粗暴的态度来对待女儿。比如书中的这一段描写:

> 女人生孩子,有的是为了爱情而生——爱情的结晶。有的是为了生育之后的爱情再生——孩子都有了。有时你生得不知不觉,你的爱情却更充实、更完美、更具家庭色彩、更富天伦之乐了。你就像用生育换了个时来运转。有时你生得不知不觉,你的爱情却彻底垮了。你变成了一个生育过的女人,连肚子都松了。你像因生育倒了大霉。
>
> 要弄清这一切你得慢慢体验。

对一些女性来说，这样的体验会成为人生的主色调，她们此后的人生中画面全都是灰色的基底，无论阳光怎么照耀都无法使其变得晴朗，她们享受着自虐的快乐，并且固执地认为女人不应该阳光明媚，如果自己的女儿阳光热情，大概率会被这样的母亲无情打压。对这样的母亲而言，美好的东西都是要被仇视的，也没有什么事物能让她们满意。于是，面对女儿的成长，控制成了延续这种心理状态的最佳方式，也造成了很多的悲剧和遗憾。

亲爱的悠悠，真抱歉我用这样的方式来讨论母女关系，对你来说这个话题是不是有点压抑和负面？毕竟对你们这一代人来说，这种情况似乎不多见了。这既是时代进步使然，更是女性的思想、见识、独立性发生变化的结果，但这并不意味着母女关系已经有了多么巨大的改变和进步。如果每一位身在其中的女性不能清醒客观地建立基本的认识，并逐渐修正自我，那么这个过程依然是漫长而痛苦的。

我的母亲刚去世不久，我一直以为近十年来自己已经与她和解了。我曾非常冷静地评估过自己与她的关系，也一度试图用更加理性而冷漠的态度处理我们之间的关系，因为我们不曾亲密过。但是，直到她去世后，我才意识到，原来我并不懂她，从未认识到她竟这样无私地爱着我。

我们不是一般意义上的母女。我小的时候她偏爱我的弟弟。我是一个敏感的女孩子，这种被忽略的负面感受对我影响很大，于是我一直努力地想要证明自己，想要让她和父亲看见我的存在。后来我长大了，因为长期阅读，我一直表现得很成熟，无论是在工作上还是在生活中，我几乎不需要她的指导，也几乎不曾就我的人生大事征求过她的意见，我们维持着一种客气而疏离的关系。因为父亲，我们之间还有过非常剧烈的争吵与矛盾。

40岁以后，随着人生轨迹的变化和阅读量的增加，我突然对她有了一些理解和认同，包括她重男轻女的思想，她的世俗、计较和坏脾气，也开始意识到她给我带来的积极影响，她的要强和自我要求，她的意志力和对生命的热爱。甚至关于她和我父亲之间的是是非非，我也开始转变了阵营，尝试站在她的角度去审视和判断，进而倾听她的表达。事实上，近几年我们的交流比之前的十几年都多，她也开始学会对我表达真实的自己，尽管我依然不会和她讨论家长里短的琐事，但她开始把我当作一个寻求释放和安慰的出口。我其实才是这段关系中最受益的人。对，借由与母亲的和解，我重新看待了自己的生命历程，重新定义了小时候缺失的爱，也重新获得了爱与被爱的能力，重新拥有了自发的安全感与自信。我将在后面的信中告诉你我是怎么做到的。

总之，当我亲历了这个过程后，我无比确信，我们只有克服了天性中那些狭隘而固化的认知，只有脱离了男性定义下的关系格局，不断学习和进步，才能共同构建一个女性世界中的亲密关系空间，并通过它获得彼此的爱与力量。而且我相信，在你们这一代人身上，这将更容易实现。

所以，从现在开始，把母女关系当作一个课题吧，这不仅能为你带来更具积极意义的成长力量，也必将给你和你的家庭带来幸福。

祝你和你的妈妈都安好，幸福！

宸冰

延伸阅读

《玫瑰门》铁凝　著

《思家小馆的晚餐》[美]安·泰勒　著

《你是一条河》池莉　著

/ 第 6 封信 /
幸福与身份

女性在妻子、母亲、家庭主妇和自我身份中切换，不仅需要勇气，还需要方法，更需要保持良好的心理状态和边界感。

亲爱的悠悠：

你好，

你知道女诗人狄金森吗？她有一首诗这样写道：

没有一艘船能像一本书，

也没有一匹马能像一页跳跃着的诗行那样，把人带往远方。

这渠道最穷的人也能走，

不必为通行税伤神，

这是何等节俭的车，承载着人的灵魂。

这首诗也道出了我为什么如此强调女性阅读的重要性。无论是读书、读人还是读世界，都能带领我们走向更远更美好的幸福之路。正是在一次次的深度阅读中，我们会发觉，很多时候我们其实是幸福而不自知的。

作为女性，我们评判幸福与否时，很容易陷在一些具体的生活和事物上，往往会忽略心理和情感上更加细腻深邃的关照，殊不知，其实那些深刻影响我们的底层逻辑才最终决定了表层事物所带来的感受。这句话听上去有点复杂，其实我想表达的是，希望你不要觉得我和你讨论"母女关系中的人性"这种形而上的问题是一件不着边际的事情，生命体验其实很有趣，这种观察、发现和思考会给我们每个人带来不可思议的改变，甚至能让我们平凡的生活开出美丽的生命之花。

无论是怎样的母性表达，都会在很多方面影响我们的幸福感受。书读得越多、了解得越多，就越懂得审视和思考。对女性来说，这个过程尤为重要。

在当今时代，成为母亲除了会带来孕育生命的幸福和随之而来的本能的母爱之外，个人角色改变后，在社会和家庭层面上还会出现种种变化。当人们更多地以母亲这个角色去认知和考量一个女性时，关于自我、职业、理想乃至生命意义，都会有一些约定俗成的说法，女性就像被套上了无形的枷锁。无论是在时间、空间上，还是在精力、体力、心理、情感等方面，当"做自己"和"做母亲"之间发生矛盾时，女性的力量和母性就会面临考验，尤其是在一个包容度更高、价值观更多元、舆论环境更复杂的时代，要想保有健全的母性，无疑需要在天性的基础上对人性进行过滤和提升。当社会对母性的认知和评价开始趋向客观与宽容，每一个母亲的文化素养和眼界得到提升，都能勇敢地接受不完美的人设时，女性才能对自己的选择有清醒的认知和判断，才能知道自己想要什么，才能不活在别人的眼光里。

正如弗吉尼亚·伍尔芙所说的那样："我们是通过我们的母亲来思考的。"

在电影《找到你》中，母性这个主题被诠释得非常细腻而又极具代表性。剧中三个主要的女性角色都是母亲。其中，李捷是一位职场女性，为了养家糊口，她全身心地投入工作，希望借此提升自己，给孩子提供更好的生活。她非常在意自己的孩子，担心失去抚养权，所以尽力抽出时间陪伴孩子，还给孩子雇了保姆。然而，她的生活在一个普通的日子里被彻底击碎——保姆拐走了孩子。在寻找孩子的过程中，作为一个挣扎在孩子和工作之间的母亲，她感受到了无尽的艰辛。她哭着请警方帮忙寻找孩子，却被质问为什么白天不来报案，她无言以对。丈夫也指责她没有好好平衡事业和家庭，保姆更是责备她不配做母亲。在孩子失踪的阴影下，她感到难以言喻的委屈和自责，承受着难以想象的痛苦，还被所有人指责不能胜任母亲的角色。

那位质朴的家庭保姆孙芳也觉得自己不配做母亲。当女儿被检查出患有先天性肝道闭锁时，作为母亲的她只有一个念头：要不惜一切代价救女儿的命。可丈夫却不管不顾。于是她带着孩子到城里，打工、借钱、当舞女、卖血……不放过任何一个能赚钱的机会，然而遗憾的是，任凭她怎么挣扎和努力，女儿珠珠还是因病去世了……

在医院里，连女儿的床位也被安排给了别的孩子，正是李捷的女儿多多。孙芳心生怨恨，想为女儿报仇，于是真的拐走了多多。

电影里的另一个女性朱敏，则是被动地陷入了不配做母亲的境地。她本是高才生，却在结婚后选择成为相夫教子的全职太太，没有经济来源，在某种程度上也与社会隔绝了，后来老公出轨，她选择离婚，却因为没有经济能力而失去了抚养孩子的资格。

三个母亲，三个女人，也是三种不同的人生。李捷的困境，在于无法兼顾家庭和事业；孙芳的困境，在于贫困无助；朱敏的困境，在于失去丈夫就变得一无所有。我相信，很多女性都会遇到和她们一样的问题：母性与责任、自我与家庭，究竟哪一个更重要？可惜，没有人能给出标准答案。

蜜芽的创始人刘楠在参加《奇葩说》节目时提到，作为女性创业者，她被问及最多的问题就是如何平衡家庭与事业。一些职场女性在生了孩子之后，更是时刻都要小心翼翼，谨慎地掂量、选择、取舍，一边养育孩子一边重塑自我。很长一段时间里，她们都会有深深的自责和挫败感，感觉自己既无法全心投入工作，也无法全心陪伴孩子。

这种烦恼和痛苦是男性创业者很少能感受到的，当一个家庭中的男人选择打拼事业，大多数女性都会义无反顾地回归家庭，但如果你是一个女性创业者，大概率需要自己去搞定所有的事情。我们不应该只是抱怨这不公平，而是应该找出应对的办法，最关键的就是你要具备正确的认知与坚定的态度。

作为女性，对孩子、家庭和亲人的爱是我们生命价值中重要的组成部分，这是天性使然，但是，我们也必须清醒地认识到，任何人的生命价值与意义都应该先建立在自我价值的实现和自我认同上。换句话说，无论你选择为孩子付出一切，还是选择在职场和社会上创造价值，都应该先实现自洽。有人说，女人一生有四维形象，除了妻子、母亲、家庭主妇，还有社会中的自我身份。那么，女性在这四种身份之间切换，不仅需要勇气，还需要有方法，更重要的是要保持良好的心理状态和边界感。

比如，如果你把对孩子和对家庭的奉献、牺牲当作人生的重要价值，那么你就要勇敢地承担随之而来的结果，包括牺牲时间、事业、自由甚至自我。你也要学会在这个过程中体验幸福的感受，并且愿意努力去创造这种生活方式所带来的幸福感。在这个过程中。你不能停止前进的脚步，要从更多的层面提升自己，利用时间和空间相对自由的优势，培养自己的业余爱好，并且不要停止与朋友们的交流和聚会，关心那些看似与自己生活无关的话题，主动了解另一半的职场生活，努力理解他的工作状况，阅读各个领域的书籍，做一个有智慧的妈妈，同时也要积极学习一些理财知识，保持好奇心与社会敏感性。这样就算你没有为家庭创造经济价值，但同样是一位拥有独立思想和自我的女性，随时可以华丽转身。

美国记者谢里尔·卡索恩对数百位职场妈妈进行了采访和调研，总结出一系列实用的职业指导方案，写成了《无畏：女性职场进阶手册》这本书。针对那些需要面对诸多挑战的职场妈妈，书中给出了多个实用的指导方案，涵盖工作高效方案、孕前离职方案、离职期的成长方案，以及回归职场后的发展方案等。这些指导方案能够帮助职业女性在工作中克服各种挑战，提高自己的职业竞争力，实现自己的职业目标。这本书的意义在于，它聚焦于职场妈妈的困惑和无助，并为她们提供了具体实用的职业指导，帮助她们更好地平衡家庭和事业，让她们能自信地迎接挑战，并在职场中取得成功。

书中有这样一段话：

> 无论你之前从事什么工作，当你暂时离开职场时，千万不要疏于管理你之前辛辛苦苦积累的人脉资源，不要全身而退。你和以前的工作伙伴联系得越紧密，你重回职场的历程就越容易。

是的，不要把暂时的离开当作永别，也不要觉得全职妈妈会是一辈子的事，你的人生远远不止这些，学会用动态长远的眼光看待眼前的事物，你才会始终从容不迫游刃有余。相信我，哪怕重返职场并非你的人生首选项，它也将开启你人生崭新的篇章。你将开始一段有趣的、重新发现自我价值的旅程。你和当年的自己一样聪明能干，而且身为人母让你的阅历更丰富，对人生也会有更加独到的见解。

在选择回归职场时，很多全职妈妈最担心的是这样会给孩子带来怎样的影响，但其实她们的孩子大多适应得很好。而且，回归职场一段时间后，她们能平静地面对自己的决定，尤其当她们意识到自己给孩子们树立了榜样，孩子们也为她们感到骄傲时，她们就知道自己作出了正确的决定。

但如果你从一开始就选择了通过追求自己喜欢的事业来实现人生价值，那么你就要接受自己可能会对孩子、家庭和亲人缺少照顾的现实，并在充分沟通后获得家人的理解与支持，要学会向他人求助；学会向家人分享自己工作中的得失；学会正确地表达情绪；学会将自己职场上的正面形象转化为孩子的榜样；学会接受自己的脆弱，不强求自己扮演一个万能的妈妈，这样一来，就算你不能完美地兼顾家庭与事业，但只要不刻意给自己增加心理负担，不在意别人的评价，真诚地取得家人的支持，依然可以成为被幸福家庭滋养加持的职场女性。

2013年，被评为"全球最具影响力人物"之一的谢丽尔·桑德伯格登上了《时代周刊》杂志的封面，她出版了一本名为《向前一步：女性，工作及领导意志》的书，她在书中勇敢地展示了自己作为一个职场妈妈所经历的各种挑战。她坦言，为了不让孩子们迟到，她甚至让他们穿着校服睡觉,这样早晨就能省下15分钟的时间。你看,即便是成功的职场女性,也会面临许多琐碎的问题。

当然,她也在书中谈到了如何利用专业人士和专业团队处理烦琐的家庭事务。她写道:

> 为生活和事业腾出空间的最好方法,就是有意识地作出选择,并设定好界限,然后严格地遵从这些界限。设定一个可达到的目标是幸福的关键,女人和男人都要放下负罪感,即使时间在一分一秒地流逝。其中的奥秘就在于没什么奥秘——带着你已拥有的、尽可能地去努力。

这也是我一直强调的事情,首先要完全接受,再积极思考,最后努力践行。无论去往哪个方向,都会有美丽的风景,也都会错过其他的可能。如果你一直陷在错过的遗憾与懊恼中,那么眼前的景色再美也不会带给你幸福,所以,选择很重要,但接受选择的结果,并努力让这个结果变得幸福更重要。

有很多女性朋友会陷入焦虑中,很多时候就是因为过于追求完美母亲的人设。要知道,当你给自己设定了一个不可能实现的目标时,你不但不能从中得到激励,反而会因为达不成目标而被打击、被否定。很多女性的自我意识和自信其实是不被鼓励的,只有正面的激励和认可才能让你更有信心,如果屡屡受挫,你自然会陷入深深的自我怀疑中。更可怕的是,这意味着女性生命内在与外在的失衡。因为无论你所信奉的所谓"天然属性"多么伟大,都背离了一个生命个体自身对自由与其他意志的追求,这种冲突迫使每一个追求"完美母亲"的女性都要找到一个可以自我催眠和平复心情的理由,否则就会崩溃。通常情况下,这种糟糕情绪和感受将会被转移到孩子、爱人的身上,作为母亲,我们一方面会想:"因为我完美,所以你们也不能有错,否则我的努力多么不值得。"另一方面又会想:"我都如此努力达到完美了,你们为什么还不领情?"如果所有人都生活在这样的重压之下,每天胆战心惊,无所适从,那么你和你的家人又谈何幸福呢?

我们再回到母性的本源上。还记得我在前面说过的对母性的定义吗?女性怜爱与爱护的对象,不仅仅是自己的孩子,也可以包含我们自己,还有我们的亲人、朋友,乃至世间万物,这样的大爱与胸怀蕴含着人类对生命的关心,是我们对一切事物心怀热爱的原点。

作家丁玲在一首诗歌中这样写道:

> 诗人写过春天,写过盛开的花朵;
> 但春天哪有您对儿童的温暖。
> 任何鲜艳的花朵在您面前,都将低下头去。

是的，无论选择做母亲还是做自己，我们都要好好珍惜这份与生俱来的母性光辉，认真面对自己的真实感受，关爱这个世界，最终一定能获得幸福！

祝好！

宸冰

延伸阅读

《我居于无限可能：艾米莉·狄金森的一生》[加]多米尼克·福捷　著
《无畏：女性职场进阶手册》[美]谢里尔·卡索恩　著
《向前一步：女性，工作及领导意志》[美]谢丽尔·桑德伯格　著

/ 第 7 封信 /
幸福与原生家庭（I）

每个人在成年后都带着来自原生家庭的种种烙印，但如何对待以及如何发展却取决于每个人自己的态度和选择。

亲爱的悠悠：

你好！

说起原生家庭，你首先会想到什么？如果你是一个拥有幸福童年的孩子，也许对你来说，原生家庭是小时候爸爸妈妈无微不至的呵护，是青春叛逆期父母的包容，是离家求学时思念的泪水，也是身后无论何时都为你留着的温暖灯光。但是对很多女孩来说，原生家庭是成长中无法回避的伤害，是父母重男轻女带来的自卑，是因为缺爱而无法建立亲密关系的痛苦无助，是因为背负着家庭期待而压力沉重的生活，是挥之不去的童年阴影所带来的心理失衡，更是家庭价值观影响下无力挣扎的人生选择。越来越多的人意识到，我们的幸福与原生家庭密不可分，所以今天我想和你聊聊这个影响幸福的关键要素——原生家庭。

为了更好地了解关于原生家庭的话题，我做了个小范围的调查，得到了一些网友关于原生家庭的讨论。

@小娟：小时候父母宠爱弟弟，总是表扬他而批评、打击我，所以我总觉得女性天生不如男性。后来，我结婚成家了。但由于我从小被家里灌输的观念，即便遭受家庭暴力，我对老公也始终无条件地忍让，后来他出轨了，我的婚姻破裂了。我觉得我很没用。

@菲菲：我的爸妈很早就离婚了，爸爸走了，留下了我和身体不好的妈妈，没过几年，我妈去世，我爸也没回来看过我。后来，我不再相信任何感情了。

@英子：我爸经常酗酒，还家暴我妈。有一次，他喝醉酒不仅打了我妈，把我也打得头破血流。恋爱时，我用了很大的勇气才接受了我老公，但是我不打算生孩子。

@宁静：我爸和我妈是典型的冷暴力，我家就像一个冰窖。在我看来一家人热热闹闹之类的都是骗人的，我只相信自己。

这些网友的经历真实又残酷。其实类似的事情不仅发生在我们周围很多人的身上，连一些看上去光鲜亮丽的明星也经受着原生家庭的伤害。她们甚至因为名气、财富和地位而被亲人用亲情绑架，比如，国内某知名女演员曾在一档真人秀节目中谈及自己的原生家庭。她的父母在她很小的时候就离婚了，并且各自有了新的家庭。一开始，她感觉还挺好的，觉得自己每年能收两份压岁钱，长大一点后，她才发现自己是一个极其敏感的人，不得不学着察言观色，以期得到一些关爱。因为她长期生活在冷漠的氛围中，敏感、自卑已经成为她性格的一部分。

还有一个我们都很熟悉的女歌手。她凭借甜美的外表、天籁般的歌声在娱乐圈走红，每天努力工作赚的钱要养一家人。一开始，她赚的钱都由父母保管。后来，她妈妈的婚外情被曝光，不仅马上卷走了她所有的财产，还向她索要高额赡养费。她因为心脏病去国外做手术时，因为负担不起高额的赡养费，她妈妈就诋毁她吸毒、不孝，这些负面新闻让她的事业一度跌入谷底。

这些故事听上去是不是很令人气愤？结合我前面所写的"母性"残酷的一面，你会发现，我们不能因为无法改变现状而选择消极承受，也不能极端对抗，全面否定家庭和父母的一切，这些并不能解决问题，更不能让你获得幸福，我们要做的是客观地面对事实，理智思考，认清现实，积极调整，重塑自我。而这一切都要从你自己的主观意愿开始，只要你愿意改变，不管经历什么痛苦都是必要且重要的。因为，就算原生家庭给你带来了各种影响，但你的人生始终掌握在你自己手中。上述几个例子中的主人公，在经历了痛苦和磨难后，最终通过自己的努力走出了阴霾。所以，我相信你一定也可以脱离旧日的阴影。那么我们该如何开始呢？还是先从了解"原生家庭"开始吧。

苏珊·福沃德在《原生家庭》这本书中写道："家是爱与温暖的传递通道，也是恨与伤害的传递通道。"而美国著名的"家庭治疗大师"维吉尼亚·萨提亚认为:"一个人和他的原生家庭有着千丝万缕的联系,而这种联系有可能影响这个人的一生。"这里所说的原生家庭泛指子女和父母生活在一起的家庭。近年来,越来越多的人开始关注家庭环境对个人成长的影响。早在2010年,豆瓣上的"父母皆祸害"小组因话题极端而引发了大量的讨论。最近,一个名为"原生家庭能决定一生吗"的微博话题又引起了人们的广泛关注。两天内,该话题的阅读量攀升至1.6亿次,讨论量高达1.4万次。这表明人们越来越关注原生家庭对个人成长的影响和作用。通过这些讨论,我们可以将人们大致分为三类:第一类是把自己所有的人生问题和性格缺陷都归因于原生家庭的人;第二类是意识到原生家庭带来的影响,并试图通过学习心理学或者其他方式努力进行调整,并作出改变的人;第三类是自觉或不自觉地忽略原生家庭的影响并顺其自然地接受自己人生的人。

在我看来,无论你是哪一类人,其实都需要认清楚一个基本事实,那就是,原生家庭对我们的影响确实存在,也非常重要,但它的作用和结果却是可以由我们自己决定的。因为据《自我的本质》一书的作者布鲁斯·胡德所言,自我是一种大脑的幻象,本质上是由周围的人和环境塑造的,它会随着环境的变化而变化。也就是说,如果你能主动地脱离不好的环境,就有可能获得新的自我与幸福,这种脱离不仅是物理空间上的,更是精神空间上的,从某种意义上说,精神空间和思想意识方面的脱离更为重要。

比如，很多女孩从小都经历过原生家庭"重男轻女"思想所带来的伤害。国内某年轻女演员就是一个典型案例，她的爸爸重男轻女，在她两岁时就把她扔进垃圾桶，还好她妈妈及时发现，将她捡了回去，并选择和她爸爸离婚，独自抚养她。在她成名后，这个无耻的父亲竟然受邀上了一个访谈节目，在节目中狮子大开口，向她索要5000万的抚养费。如此极端的做法无疑给她带来了很大的伤害。后来，她与一名男演员恋爱，不料原本甜蜜恩爱的感情却突然遭遇背叛。

很多人可能会想，她有了这样的遭遇后，可能会和无数有类似经历的女孩一样，一方面变得更加自卑，责怪自己、怀疑自己，没有安全感，另一方面会下意识地委屈自己、迎合男性，甚至为犯了错的男友找借口，维护男人的面子，竭力避免分手。但是，正如我们都看到的新闻那样，她没有被父亲的亲情绑架，也没有被"渣男"牵着鼻子走。她冷静而清醒，对自己和他人都有足够的认识，既没有被社会舆论影响，也没有被女性内心的软弱控制。发现男友出轨后，她几小时内就彻底搬离两人的住所，并早早地拿到录音和监控视频作为证据，耐心地等对方使出一系列昏着，再轻松地用实锤碾压对方。这种不说硬话、不做软事的姿态真是漂亮，一点都看不出她曾受到过原生家庭的负面影响。可见，并不是所有原生家庭糟糕的人都怯懦胆小。

但同时，也有一些人在男尊女卑的观念下形成了另一种典型的人格。

　　有一位女明星,她表面上言辞犀利,似乎内心很强大,但她的原生家庭非常不幸。父亲重男轻女,不但抛弃妻女,还欠了很多债,她的妈妈多年来一直选择忍辱负重。这位女明星的婚姻生活也出现了很多波折,但她总会表现出一副若无其事的样子,像妈妈一样选择包容和忍让。

　　这种现象在现实生活中并不罕见,有些人受到了原生家庭的伤害和影响,难以在情感关系中摆脱这种模式。他们可能会模仿父母的行为,或者倾向于选择与父母类似的伴侣,最终走上和父母一样的路。这种情况下,我们需要认识到自己的问题,并付出行动来改变自己的处境。与其沉浸在对原生家庭的不满中,不如主动寻找解决问题的方法,掌控自己的命运。原生家庭对我们的个性和行为方式有很大的影响。在成长过程中,父母和其他家庭成员的言行举止、价值观念和生活方式都会对我们产生作用。比如,如果一个人在家庭中得到了温暖、关爱和支持,他通常会自信、积极向上;相反,如果一个人在家庭中感受到的是冷漠、压抑和惩罚,他很可能会变得消极、自卑,甚至出现心理问题。

　　在《自我的本质》这本书中有这样几句话:

> 在人类社会中,我们不仅从他人身上学习有关周遭环境的东西,也在学习如何成为自己。在观察、试图理解他

人的过程中，我们开始发现自己是谁。

如果说"重男轻女"是比较普遍的原生家庭问题，而且会让女儿也在无意识中重复着妈妈的人生，那么，前面提及的两个案例至少可以说明，并不是每个人都会受到不好的影响，或者说，至少有人克服了这样的负面影响，并把握住了自己的幸福。

那么如何判断我们的原生家庭是否有问题？如果原生家庭有问题，我们该如何面对并进行调整呢？我们真的能脱离原生家庭的影响吗？

接下来，我再以两位国内的女明星为例对上面的问题作出说明，希望她们的经历能给你一点启发。

很多人都说，某著名女主持人自从嫁给某男演员后爱得太过卑微，甚至不顾一切地连着生了两个孩子，事业就此停摆，过着"丧偶式育儿"的生活，可她自己甘之如饴。她的母亲是一位家庭主妇，时常教育她要顺从和忍让。男性在这个家里地位甚高，在这种环境中，这位女主持人接受了男尊女卑的传统思想。母亲没有经济能力，所以她从小就自卑而敏感。因此，当她进入婚姻时，便天然地认为自己是弱势的一方。不断包容、讨好，以为这样可以得到丈夫的喜爱，甚至已经成为一种本能。对她来说，给予孩子无条件的爱不仅满足了她的现实需要，更满足了治愈自己幼年创伤的心理需要。她努力扮演着妻子与母亲的角色，并不因为别人说她卑微就放弃隐忍与奉献，也不因为众人的讽刺而改变自己的生活状态，她活在自己的幸福和满足里。其实，只要这份幸福也能给予孩子快乐幸福的童年，我们就应该祝福她，相信她会在这种踏实的爱里疗愈自己。

而另一位女星虽然和前一位有着相似的成长环境，但二人的婚姻感情经历却截然不同。在这位女星三岁时，她的父母离婚了，她跟着妈妈生活。她七岁时，妈妈再次结婚，之后再度离婚了，后来就一直单身。显然，她的妈妈是一个很有主见和追求的女人，有记者拍到过一张这位女星与妈妈在一起的照片，照片中她母亲一头干练的短发，淡定从容的眼神中带着坚定。据了解，无论是家中茶楼经营不善、遇到困难，还是为了女儿的学业典当首饰，女星的妈妈从来没有叫过苦，一直坚强独立，这无疑给女儿树立了榜样。有网友评价说，看了她妈妈才知道这位女星为何会拥有女王般的气质。于是，就像我们都知道的那样，这位女星不同于娱乐圈的其他女明星，毅然扛起了新时代女性独立自主的大旗！她发现第一任丈夫嫖娼后，立刻选择离婚；第二任丈夫满口谎言，她发现后再度毅然决然地离婚，哪怕已经有了一对双胞胎，也绝不凑合。为了给孩子更好的生活，她火力全开，工作通告排得满满的，但繁忙之余照顾孩子也有模有样。更重要的是，在这个过程中，她也没有丧失对爱情的信心和向往，并没有因为两次婚姻失败而对爱情失望。她活得肆意张扬且痛快。她的个性与真实体现了很多都市新女性的追求，也充分地展示了现代女性的生活态度和价值取向。

看完这两个女明星的经历,你是不是感受完全不同?这不仅再次提醒我们要正视原生家庭对我们的影响,也让我们意识到,如果我们也有一个女儿,我们该如何行事以影响她的人生。是的,重要的不是过去而是现在,无论是想要挣脱原生家庭的负面影响,还是想要与父母和解,我们都必须勇敢地开始,不要沉湎于过去的伤痛。

我想向你推荐一本书——《你当像鸟飞往你的山》。这本书讲述的是一个女孩脱离原生家庭的影响,最终收获幸福的故事,它看似荒诞却无比真实。作者其实就是书中的主人公,她出生于一个虔诚的摩门教徒家庭,却没有出生证明或医疗记录,从美国联邦法律层面上说,她这个人甚至并不存在。她的父母不信任美国政府、公共教育和现代医学,即使她的兄弟重度烧伤,父母也只是用草药自行治疗。在这样的原生家庭里生活,对于一个年轻女孩来说简直是一场噩梦。

然而,这个女孩没有放弃。在17岁时,她通过了考试,奇迹般地走进教室,获得了接受教育的机会,并迈向了大学殿堂。这次机会让她能够以全新的视角看待家人和世界。她开始重新审视父亲的精神疾病、母亲的懦弱和哥哥对她的暴力行径。她与家人进行了斗争,为自己接受教育的权利而战。这个女孩被两个世界所撕裂,在创伤中成长。尽管她身处大学,但一部分的她仍未走出大山,仍未找到勇气，以摆脱父母教诲的所谓真理，开始全新的生活。整本书都在向我们描述这种挣扎矛盾的过程，并带领读者见证了主人公的新生。书里有这样一段话：

> 我又想起了家庭。这里面有个谜，一个未解之谜。我问自己：当一个人对家庭的责任与他对朋友、对社会、对自己的责任冲突时，他该怎么做？我开始了研究。我缩小问题范围，使其更学术化、具体化。最后，我选择了19世纪的四种思想运动，研究它们是如何与家庭责任问题作斗争的。我所选的运动之一便是19世纪的摩门教。我踏踏实实研究了一年，在这一年的年尾终于写出了论文初稿：《英美合作思想中的家庭、道德和社会科学，1813—1890》。当我拿着厚重的手稿走回宿舍时，我想起克里博士的一次讲座。讲座一开始他就在黑板上写道："历史是由谁书写的？"我记得当时这个问题在我看来有多奇怪。我心目中的历史学家不是人类；那是像我父亲一样的人，与其说是人类，不如说是先知。他们对过去的看法和未来的憧憬都不容置疑，甚至不能补充。现在，当我穿过国王学院，走在宏伟的教堂投下的影子中，我从前的胆怯似乎显得有些可笑。历史是由谁书写的呢？我想，是我。

我们还可以从另一个角度来解读这个故事。女孩的家庭信仰意味着与社会的脱节，孩子们缺乏接受教育的机会，也没有经历社会化的过程，然而，这个女孩在年轻的时候便拥有了自由意志，她选择冲破家庭的约束，进入学校，寻求学习和成长的机会。在接受教育后，她发现了自己的真正价值和潜力。这表明人类的自由意志可以使我们摆脱种族、文化和家庭背景的限制，让我们获得成功的机会，而当我们探索自己的内心时，便可以找到真正属于自己的道路和目标，实现自我价值。

我们的出生不受自己控制，但只要我们愿意并鼓起勇气，我们的命运终将由我们自己书写。而令人欣慰的是，有这样想法和行动的女性越来越多，这里面有你也有我。无论我们来自哪里、有着怎样的原生家庭，我们都应该遵从内心的真实意愿，选择喜欢的职业和让自己舒服的生活方式，并努力消除那些负面影响和萦绕在脑海中的责备与轻视，我们要学会控制已形成惯性的情绪和语言，要学会不抱怨、不指责，也要学会对自己的人生负责。

原生家庭是每个人成长的第一个摇篮，是塑造我们的性格、品质、价值观的第一站。在成年之前，我们没有独立生活的能力，不仅需要在生活上依赖别人，心理认知也有待完善。出于生存的本能，我们会主动适应周围的环境，并模仿父母的行为方式和认知模式，只能被动地接受和学习与家人相处的方式。在这个过程中，出现一些负面和隐形的伤害是不可避免的，因此，当我们长大成人后，很容易把父母在众多方面对我们的影响无意识地带到自己的生活中，此前的一些心理创伤也会在我们进入自己的亲密关系后显现出来，虽然这种影响是我们年幼时无法避免的，但它同样具有两面性。

比如电视剧《都挺好》中的苏明玉，她的原生家庭迫使她不得不早早地独立。她憎恨自己的家庭，同时又从憎恨中获得了力量，她外刚内柔、淡漠又渴望温暖的性格正是原生家庭的塑造和影响。

我们也不难发现，如果一个女孩的家庭重男轻女，那她在自卑的同时一定会很好强，对自己有更高的要求，学习和工作也会更加优秀；如果一个人的原生家庭里亲人较为冷漠，那这个人通常会渴望温暖柔软的关系，这个人也会更愿意给予别人温暖、关爱和包容；而如果一个人的原生家庭里充斥着背叛与暴力，那这个人应该拥有辨别能力，不让自己陷入相似的困境。其实对待很多事情，只要我们换个角度，愿意冷静清醒地面对、思考并采取积极正向的行动，就能解决一些看似复杂的大问题。更重要的是，你可以自豪地对自己说，我解决了一个并非因我而产生的问题，我不仅能解决这个问题，还能让问题不再延续。

心理学家曾指出了好的原生家庭给人带来的七种影响，包括：1. 性格稳定，活泼开朗，能快速融入集体，也能坚持做自己；2. 不一定会有很多朋友，但和身边的人一定会非常亲近；3. 对亲密关系非常有安全感，认为爱可以忠贞不渝，因为自幼时从父母那里感受到的就是稳定而持续的爱；4. 不计较、不吝啬给予和付出，因为自己有很多的爱，不在意多点少点；5. 非常自信，认为自己是值得被爱的；6. 价值观比较稳定，很少会出现纵欲的情况；7. 有良好的同理心与共情能力。这些其实也是一个成年人能够幸福生活所需要的情商和稳定的心理状态。

但我想说的是，这些诚然是好的原生家庭给一个人带来的影响，但只要我们愿意打开心扉，相信自己，也相信世界的美好，那么我们同样能在漫长的一生里拥有这些美好的感受和状态。记住，没有什么是永远无法改变的，你为此所做的任何努力，都将带给你光亮。

纪录片《人生七年》展示了来自不同阶层的14个7岁孩子的生活，随着时间的推移，这些孩子的生活轨迹让我们看到了阶层与命运之间的紧密联系，揭示了社会阶层对个人命运的深刻影响。

纪录片中有一些孩子出身富裕家庭，生活优越，但他们中却有人在受挫后一蹶不振。比如，有一个孩子考大学失败后陷入低谷，不得不依靠政府的救济金度日；还有一些出身普通的孩子，虽然起点不高，却通过自己的努力考上了名牌大学并成为教授，彻底改写了人生；另一些孩子虽然没有考上大学，也没有赚到钱，但他们做着自己喜欢的工作，过着平凡而幸福的生活。

我们可以看到，原生家庭的确会影响人生的走向，但个人的努力奋斗同样会改变命运的轨迹。人生的起点并不重要，重要的是要找到自己的方向，并努力追求自己的目标。就像心理学学者唐映红所说的那样："原生家庭对个体的影响主要反映在儿童期和青春期。进入成年期，个体面临着自主选择人生历程的情形，此后的人生轨迹和状态就不能简单地归咎于父母。即每个人在成年后都有着来自原生家庭的种种烙印，但如何对待以及发展就取决于每个人自己的态度和选择。"世界上从来就没有什么命中注定，只有你自己能决定你会成为什么样的人、拥有什么样的人生。

我曾与许多女性朋友探讨过原生家庭的话题。我发现，很多人都同意我前面所说的观点，但是大家也有很多困惑，比如，明明觉得母亲的行事方式不妥当，但有时却会下意识地像她那样说话做事；还有人会觉得是因为男人都不靠谱，所以自己也无法很好地控制情绪。总之，说起来容易做起来难，还是会陷入恶性循环中。

我自己也曾经有过这样的时候，无论是下意识地重复父母的相处方式，还是幼时情感缺失带来的情感表达障碍，无论是在重男轻女观念影响下隐隐的自卑感，还是缺少安全感导致的过度敏感与好强。其实，回看我的人生经历，我发现自己每一次进步的背后，其实很大程度上都是在与原生家庭的影响作斗争，而现在我不仅收获了自己人生的进步，还获得了与原生家庭的和解。一路走来，对我来说最重要的力量源泉就是不断阅读、独立思考与积极行动。我相信这些对任何人都是有用的。我曾讲述过不少民国女性的故事，她们中很多人的原生家庭都很不幸，比如作家萧红，比如中国第一位女教授陈衡哲，比如创办了锦江饭店的董竹君……她们是怎样克服原生家庭影响、勇敢追求自己人生的呢？无论她们在这个过程中收获的是幸福还是不幸，我相信，她们的故事现在依然能带给我们启示与力量，下一封信，我想和你继续聊聊她们的原生家庭与她们的幸福感，今天先到这儿吧。

　　祝好！

宸冰

延伸阅读

《原生家庭：如何修补自己的性格缺陷》[美] 苏珊·福沃德　著
《自我的本质》[英] 布鲁斯·胡德　著
《你当像鸟飞往你的山》[美] 塔拉·韦斯特弗　著

/ 第 8 封信 /
幸福与原生家庭（Ⅱ）

　　原生家庭的一个重要任务是，帮助我们发现自己到底想要什么，鼓励我们追求自己真正想要的东西，同时与别人保持亲密关系。

亲爱的悠悠：

你好！

今天我们接着聊聊关于原生家庭的话题。

你看过电影《黄金时代》吗？主人公就是被誉为"20 世纪 30 年代的文学洛神"的萧红。她的原生家庭环境其实非常糟糕，她 8 岁时生母就去世了，此后父亲对她非常冷漠，继母对她恶语相向，奶奶重男轻女，偶尔得到的温暖来自爷爷。在《呼兰河传》中，她着重描写了自己家的后花园，那是一方只属于她和爷爷的小天地：

> 花开了，就像花睡醒了似的；鸟飞了，就像上天了似的。虫子叫了，就像虫子在说话似的。一切都活了。都有无限的本领，要做什么，就做什么。要怎么样，就怎么样。都是自由的。倭瓜愿意爬上架就爬上架，愿意爬上房就爬上房。黄瓜愿意开一个谎花，就开一个谎花，愿意结一个黄瓜，就结一个黄瓜。若都不愿意，就是一个黄瓜也不结，一朵花也不开，也没有人问它。

她与爷爷在后花园里耕种、玩耍，尽情享受着大自然的乐趣。爷爷还教她念诗，给她做各种美食，只有在爷爷那儿萧红才体会到，人生除了冰冷和憎恶，还有温暖和爱。爷爷死后，萧红便觉得这世上再没有同情她的人，剩下的尽是些凶残的人了。心境转变后，萧红看世界的诗意不见了，曾经的童趣、天真、俏皮也不见了，满眼看到的都是麻木不仁和按部就班的无趣。此后，无论是她的人生经历还是文学创作，都充满了对这个世界的愤懑之情。在她的笔下，人就像冰冷的机械，人与人之间的关系也只是在生老病死间表演给别人看的，真实的情感全都是冷漠与自私。如果你看过她在《呼兰河传》中平静地写下的大人们的世界，你会瞬间被她带入那种绝望甚至窒息的感觉中：

> 生、老、病、死，都没有什么表示。生了，就任其自然地长去；长大就长大，长不大也就算了。老，老了也没有什么关系，眼花了，就不看；耳聋了，就不听；牙掉了，就整吞；走不动了，就瘫着。这有什么办法，谁老谁活该。病，人吃五谷杂粮，谁不生病呢？死，这回可是悲哀的事情了，父亲死了儿子哭；儿子死了，母亲哭；哥哥死了一家全哭；嫂子死了，她的娘家人来哭。哭了一朝或者三日，就总得到城外去，挖一个沆就把这人埋起来。埋了之后，那活着的仍旧回家照旧地过日子。该吃饭，吃饭。该睡觉，

睡觉。他们过的是既不向前,也不回头的生活,是凡过去的,都算是忘记了,未来的他们也不怎样积极地希望着,只是一天一天地平板地、无怨无尤地在他们祖先给他们准备好的口粮之中生活着。

这样的萧红对世界充满恐惧,对人与人之间的亲密关系也没有丝毫的安全感和信心。可幸运的是,她从小跟在爷爷身边饱读诗书,她的灵魂与思想早已天高地远,她的内心也早就充满了出走的渴望。于是她千方百计地逃离了那个让她看不到希望的呼兰县,逃离了那个她无法好好相处的原生家庭,去了哈尔滨、北平、上海、日本和重庆,最后到了香港。这一路她经历了无数的冷遇和白眼,遭受了无数的艰难与挣扎,但她凭借着不屈的抗争,以及鲁迅等一批文学巨匠对她才学的认可,终于成为中国当时左翼作家中的重要女性力量。这是她远在东北的父亲永远无法想象的事情,或许也是连她自己都无法预料的。

从这个意义上来说,无论是名誉地位、思维视野,还是社会关系,萧红都已经摆脱了原生家庭的影响,但是,这种摆脱并不容易。在这个自我蜕变的过程中,她始终是孤独而悲哀的。她先后经历了几段刻骨铭心的爱情,过程跌宕起伏,结果也算不上好,期间的几次生育经历也不堪回首,这些都让萧红对女性天生的境遇和命运有了更加清晰的认知。她在接受一位作家的访问时说了这样一段话:"你知道吗？我是个女性。女性的天空是低的，羽翼是稀薄的。而身边的累赘又是笨重的！而且多么讨厌，女性有着过多的自我牺牲精神。这不是勇敢，倒是怯懦，是在长期的无助的状态中养成的自甘牺牲的惰性。我知道，可是我还免不了想：我算什么呢？屈辱算什么呢？灾难算什么呢？甚至死算什么呢？我不明白，我究竟是一个人还是两个，是这样想？还是那样想？不错，我要飞，但同时觉得……我会掉下来。"我想，每一个读到这段话的女性或多或少都有同感，我们的一生中，至少有一个瞬间曾经产生过同样的念头。

但是，萧红的特别之处在于，虽然她是一个极具悲情色彩的女人，一生都处在痛苦的挣扎中，但她最终找到了专属于她的抵抗人间的"武器"，那就是文学。在命运面前她从未屈服过，她始终坚守着自己的信仰，紧握着手中的笔，为历经不幸、惨遭痛苦的自己书写。她用自己的生命来反抗死气沉沉的生活，她有独特的创作见解和生活认知，她用自己的笔调写下对生活的所有感叹，又何尝不是她对人生和命运的顽强抗争。乱世之中，她独自盛开，来不及在意人们的眼光与评判，甚至都没有给众人更多欣赏品味的机会，便凋零在了萧瑟的秋风中。如果以一个普通女人的幸福标准来衡量萧红的人生，显然她是不幸的，但于女性自我坚定的选择和曾经自由的生活而言，萧红是幸福的，也是勇敢的。

萧红在香港完成的《呼兰河传》是20世纪最伟大的长篇小说之一，是她的巅峰之作，也是她作为作家的终点。而呼兰县则是萧红生命的起点。我不知道你是否读过这本书,尽管它已经出版了八十多年,但依然有很高的阅读价值。借由这本书,你可以近距离观察和理解脱离原生家庭的种种艰辛,并从中汲取属于自己的力量。如果有人说,自己无法脱离原生家庭的影响,只能唉声叹气地过着按部就班的生活。我想那一定不完全是原生家庭的问题,可能是你自己的问题,你能够像萧红那样勇敢地迎接命运中的狂风暴雨吗?你是否有勇气选择过一种完全不同的生活,哪怕头破血流?我们不要仅仅把这些优秀女性的经历当作故事来听,而要学会真正地阅读,然后去感知和思考,并真正地建立共情,从而汲取力量和启示。

除了萧红,我常常与人分享的是另一位我更欣赏的女性的故事,她不仅脱离了原生家庭,而且勇敢地选择了"造命",并活出了极为精彩而富有智慧的人生。她就是中国第一批获得清华奖学金的留学生之一,中国第一位女教授,第一位用白话文写作的女作家,被誉为"民国才女教母"的陈衡哲。在我看来,她是少见的内心真正获得解放的人,并且拥有强大的独立人格,不为世俗的虚荣和浮华所迷惑,自始至终都清醒地知道自己要什么,不仅作出了非同一般的选择,而且最终获得了幸福。

美国作者罗纳德·理查森在他的著作《超越原生家庭》中写道:

> 原生家庭的一个重要任务是,帮助我们发现自己到底想要什么,鼓励我们追求自己真正想要的东西(也就是说"做

自己"），并且同时与别人保持亲密关系。

如果诚恳地接纳原生家庭的问题，让它成为自己与生俱来的经历、独特的个人风格，那就不必逃离。只要你有勇气，敢于做全新的自己，知道自己最想要的是什么，人生照样可以过得很精彩。陈衡哲就是这样，保留了原生家庭对她的正面影响，抛却负面影响后，坚定地选择了自己的人生之路。

陈衡哲出生在湖南的一个书香世家，她的祖父和父亲都曾在晚清朝廷为官，那也意味着这个家族是因循守旧的，因此陈衡哲早年的经历——无论是坎坷的求学过程，还是被父亲逼婚的经历，都与那个时代觉醒的女性没有本质的区别，但不同的是，在陈衡哲的生命中，有几个重要的人对她产生了深远的影响，其中一个是她的舅舅庄蕴宽，庄先生经常对她说："世上的人都说命，但对命却有三种截然不同的态度。第一种是'安命'；第二种是'怨命'；第三种才是高超的、有价值的态度，那就是'造命'。我也希望你能造命——与一切恶劣的命运抗争。"此后陈衡哲也用一生践行了舅舅的勉励。陈衡哲在上海求学时，她的父亲突然派人送来一纸家书，要求她回家嫁给一个官二代。然而，她的求知欲和对自由的渴望让她无法接受这样的安排，那种生活对她来说是极大的痛苦和折磨，那会让她怀疑自己，让她感到奋斗没有意义，生命没有价值。于是她毅然决定逃婚，离开了家人。

在孤苦无依的时候，她去常熟找到她的姑母，并在姑母的引荐下得到了一份工作。姑母的帮助和支持让她重新找回了勇气和信心，继续追寻自己的梦想。这段经历让她更加坚强和独立，也成了她人生中的一个重要的转折点。对于这段经历，陈衡哲这样写道：

> 在那两三年中我所受到的苦痛拂逆的经验，使我对自己产生了极大的怀疑，使我感到奋斗的无用，感到生命不得维持下去。在这种情形之下，要不是靠这位姑母，我恐怕将真没有勇气再活下去了。

可以说，如果没有姑母的鼓励就不会有后来的陈衡哲。

作为女性，我们在生理和心理上都难免有弱势的一面，遇到困难或者遭遇强势的外力时，容易陷入自我怀疑的旋涡，很多人之所以走不出痛苦的怪圈，主要就是因为没有勇气去抗争，也没有信心去争取，更没有决心去追求。这时如果身边有睿智明理之人，能本着爱与责任给予我们一些指引、点拨甚至是警示，都会或多或少帮助我们获得勇气和自信。所以，当你感到迷茫或困惑时，一定要想办法与你信任的人多交流。对女性来说，在沟通中获得鼓励和理解的力量非常重要。

说回陈衡哲的故事。1914年，她在报纸上看到清华学校（现清华大学）招募赴美留学生的消息。陈衡哲犹豫不决，但她的姑母说：

"要是不成功只有我知道；要是你成功了，那全世界都会知道！你有什么好担心的呢？"于是，带着亲人的希望，陈衡哲以第一名的成绩前往美国深造。她先后在美国瓦沙女子大学和芝加哥大学就读，学习西洋史和西方文学。

在美求学期间，陈衡哲以其才华博得了诸多才子的青睐，其中就包括大名鼎鼎的胡适。尽管两人感情深厚，但是胡适有婚约在身，两人只能发乎情而止乎礼，于是陈衡哲标榜自己是"不婚主义者"，挡掉不少慕名而来的追求者，这也是她对这段无望之情的逃避。而著名学者任鸿隽同样默默欣赏并倾慕陈衡哲。1919年11月，任鸿隽受托赴美国考察，在美国待了八个月。其间，任鸿隽向陈衡哲大胆表白了自己的爱慕之心，他说了这样一段话："你是不容易与一般的社会妥协的。我希望能做一个屏风，站在你和社会的中间，为中国供奉和培养一个天才女子。"毫无疑问，这样的理解和支持，是对一个有追求的女性最好的告白。最后，陈衡哲义无反顾地与任鸿隽订婚，并于次年结为夫妇。

作为学者、历史学家，陈衡哲对妇女问题、教育问题和社会问题都有自己独到的见解，她一直视宣传女权为己任。1935年8月，任鸿隽就任四川大学校长，陈衡哲随夫入川。在四川大学时，陈衡哲号召女性争取独立自主，还曾因为发表了一系列揭露四川问题的文章而遭受到当地势力的围攻，那些人声称要把她驱逐出蜀地。为此，丈夫任鸿隽辞去了川大校长的职务，携妻回到了北平。作为丈夫，他兑现了自己的诺言，成了陈衡哲身前一堵坚强的屏风。而陈衡哲对女权和女性解放也有着非同一般的见解，她认为，妇女解放是从观念和行动上把自己塑造成对家庭和社会有用、有益的新人，而不是自求多福，孤立地对抗家庭和社会。所以，一个得到了解放的妇女，不仅拥有与男人平等相处的若干权利，还要提高自身的整体素质，给丈夫、子女、家庭和社会带来良好的影响，带来多赢的局面。

陈衡哲选择在事业上升期辞去北大教授的职务，为的是从社会生活中抽身，专心教育三个孩子。那正是她人生最辉煌的时候，很多人难以理解她的这个决定，尤其是那些接受了新教育的学生，大家都认为她是一个杰出的作家，各方面都很出色，又是中国第一位女教授，这样为了孩子放弃一切，太浪费才华了。可陈衡哲对自己的决定坚定不移，她提倡女性解放思想、提高自身素质，有主见、有理想，追求男女平等，要让女性得到社会的认可，但并不是让女性以自我为中心，对家庭置之不理，这样过于偏激了。她提倡的是，女性无论选择做什么，都能实现自己的价值，能兼顾家庭和事业当然是最理想的，但如果必须在事业和家庭中作出取舍，那每一个人都能自由地作出选择也是一种进步，不能极端地进行道德绑架。对当时的陈衡哲来说，陪伴和教育孩子更重要，她并不在意自己的得失。她曾说："母亲是文化的基础，精微的母职是无人代替的……当家庭职业和社会职业不能得兼时，则宁舍社会而专心于家庭可也。"

这些话出自一位功成名就的女作家和女学者之口，出自一位坚定的女权主义推动者之口，与"推动摇篮的手即是推动世界的手"出自一代天骄拿破仑之口一样耐人寻味。陈衡哲说："母职是一件神圣的事业，而同时，它也是一件最专制的事业。你尽可以雇人代你抚育和教养你的子女，但你的心仍旧是不能自由的……世界上岂有自己有子女而不能教，反能去教育他人子女的？某种程度上可以说，只要儿女仍由母亲生育，则母亲都不能得到真正的自由。"

还记得我前面给你讲过的母性吗？无疑，陈衡哲就是一位具有大爱和母性的智者。

专心于母职的陈衡哲无疑是一位出色的母亲，她的三位子女后来都成为知名高校的教授，她们一家两代人出了五位教授，可谓书香满门。有一个终身爱她敬她的丈夫，有三个出色的子女，这是让多少女性羡慕的完美家庭。可如果不是在人生的每一个关键时刻都作出了正确的选择，又哪来的这份幸福呢？而这样的选择很大程度上就是脱离了原生家庭的影响，但不背离初心的结果。

"安命""怨命""造命"，是人生的三种选择，"安命"是屈从于原生家庭的影响，"怨命"是陷入不甘心的痛苦煎熬，只有"造命"才能勇敢挣脱、选择自由，无论结果对错，选择"造命"都体现了生命的价值与意义。在我看来，无论是萧红还是陈衡哲，无论是离经叛道，还是相夫教子，她们都选择了"造命"的人生，都是不肯随波逐流的女性。在那样一个动荡的年代，一个女人要给自己"造命"，是很不容易的一件事情，但因为这是她们内心深处对幸福的理解和追求，所以她们义无反顾，最终得偿所愿。

其实，最重要的是想清楚自己最想要的幸福是什么。如果你"安命"，有可能获得幸福；如果你能够"造命"，那会更幸福；唯独不要选择的是"怨命"。好与不好，都是自己的选择，把这份选择坚持下去，不要管别人的闲言碎语，平静地体会生命的美好，做一个对自己的生命负责的人，这就是女性幸福的密码。

祝好！

宸冰

延伸阅读

《呼兰河传》萧红　著

《超越原生家庭》[美] 罗纳德·理查森　著

/ 第 9 封信 /

幸福与青春

　　青春期是一段宝贵的时光，也是一段最容易被辜负的时光，无论我们多么怀念那时的天空，终究已是无法重来的岁月。

亲爱的悠悠：

你好！

说起青春，你想到的是什么？当我们终于可以逐渐脱离原生家庭的桎梏，开始用自己的眼光审视世界时，让你印象最深的记忆是什么？是阳光灿烂的日子，还是多愁善感的情绪？是蠢蠢欲动的雀跃，还是羞涩忐忑的心事？是为眼前的考试成绩担心，还是对未来人生的憧憬？不管是什么，那都是一段令人难忘的时光。那就是我们的青春。

每个女性都想永葆青春。也许我们想留住的，只是满是胶原蛋白的面庞；是四肢纤细、腰身窈窕的身体；是男生青涩的表白；是曾经单纯勇敢的心灵；是那个充满无限力量和勇气的自己。可青春真的全都是美好吗？我们也曾懊恼自己脸上的婴儿肥，也曾担心长发不够飘逸，曾经在意隔壁班的男生会不会注意到自己。有作出很多努力却永远不够好的成绩；有令人困扰的少女情怀和思绪；有总是打击教训我们的家长；还有一切以考试名次为标准的老师；偶尔也会有女生间难以言说的矛盾和烦恼，以及对未来的迷茫和恐惧。

对你而言，也许青春早已经过去了，那不妨跟我一起回忆一下，青春时光给现在的你带来了怎样的影响呢？如果给你一个机会能改变青春时期的某件事，你最想改变的是什么？不过，即使不能回到美好的旧时光，也不妨碍我们回忆和反思，因为只有看清自己来时的道路，才能真实地面对自己，并在建构自我的过程中听从内心的声音，慢慢想清楚自己到底想要过什么样的生活、想成为怎样的自己。无论现在的你是不是年少时曾经渴望成为的样子，只要自己想清楚了，什么时候改变都不晚。

有些女性曾在青春期遭受了巨大的打击和伤害，但是她们依然坚强地站了起来，用自己的方式努力抵抗那些屈辱与痛苦，尽管很艰难，但她们很勇敢，因为这不是她们的错。无论如何，不该让自己的一生葬送在那些伤害里。与她们相比，每一个平安成长的女性都要相信自己，不管遇到什么困难与挫折，只要坚强勇敢地作出正确的选择，一定会越来越好。也有一些人，选择用笔把青春的残酷告诉全世界，也让自己的生命永远留在了青春年华。比如一位令人肃然起敬的小说家林奕含。

不知你是否看过她的作品《房思琪的初恋乐园》？这本书讲述了少女房思琪被补习班老师李国华诱奸、性虐待，最终精神崩溃的故事。在书中，林奕含以优雅的文笔和精巧的隐喻呈现她对性、权力的看法。随着这本书的出版，以及她将当年诱奸自己的补习老师告上法庭，林奕含成了名人，被推上了舆论的风口浪尖。而她的作品中真实甚至残酷的描写，也让很多人把关注的目光投向了青春期少女的安全问题。那么，写出这样的一本书，对林奕含来说，究竟有什么意义？她的心理医生曾和她讨论过这个话题："你知道吗？你的文章里有一种密码。只有处在这样处境的女孩才能解读出那密码。就算只有一个人，千百个人中有一个人看到，她也不再是孤单的了。"是的，世间可能还有无数个房思琪。因此，房思琪在书中写道："当你在阅读中遇到痛苦，我希望你不要认为'幸好是小说'而放下它，我希望你与思琪同情共感。"林奕含书中所写的故事，让很多女性读者都不忍面对，这种伤害不仅是身体上的，更是从心理上对一个女性的彻底摧毁。

我相信，很多女孩都在青春期面对过生理卫生课上的尴尬和月经初潮的窘迫，那时的我们懵懂羞涩，但我们的父母对此讳莫如深。与此同时，女性的早熟又会让我们对男女关系产生好奇，在阅读了一些言情小说后，更是对那些奇怪而又放不下的情愫难以自拔。如果我们知道青春期的感受将会影响我们一生的情感和亲密关系，是不是就能学着更好地应对？可惜，当时的我们什么也不知道。于是，我们可能会因为父亲的严厉、难以亲近而喜欢年长儒雅的男人，也可能会因为母亲的冷漠和打压而选择将所有的秘密藏在心底。我们在不知不觉间被那些错误的性观念影响，甚至深受其害，它们就像魔咒，让女性无法正常看待自己的情感需要和身体需要，哪怕已经长大成人，那些观念依然像一道道阴影潜伏在我们心底，深刻地影响着我们与男性相处时的态度，甚至会影响我们的亲密关系。

《房思琪的初恋乐园》中有这样一段描写，深刻地体现了这种心理：

那天，我隔着老师的肩头，看着天花板起伏像海哭。那一瞬间像穿破小时候的洋装。他说："这是老师爱你的方式，你懂吗？"我心想，他搞错了，我不是那种会把阴茎误认成棒棒糖的小孩。我们都最崇拜老师。我们说长大了要找老师那样的丈夫。我们玩笑开大了会说真希望老师就是丈夫。想了这几天，我想出唯一的解决之道了，我不能只喜欢老师，我要爱上他。你爱的人要对你做什么都可以，不是吗？思想是一种多么伟大的东西！我是从前的我的赝品。我要爱老师，否则我太痛苦了。

为什么是我不会？为什么不是我不要？为什么不是你不可以？直到现在，我才知道这整起事件很可以化约成这第一幕：他硬插进来，而我为此道歉。

你看，一个无论是年龄、心智，还是社会经验都远远不如男性的小女孩，在懵懂之间，唯一的选择是逼自己去爱上这个毁了她的男人。因为，她从小接受的教育和社会舆论都在告诉她，就算说出去，人们也一定会说是她的错。书中的思琪曾在饭桌上试探性地对妈妈说："我们的家教好像什么都有，就是没有性教育。"妈妈诧异地看着她，回答："什么性教育？性教育是给那些需要性的人。"当思琪提到有老师和女生在一起，妈妈的反应是——"这个女生这么小就这么贱"。从那时起，思琪就决定永远不会对家人说出自己和老师的事情。

而小说之外，林奕含一直与重度抑郁症作战，她努力想走出来，还幸运地遇到了爱她、尊重她，并愿意与她一起面对痛苦的爱人。2016 年，林奕含与先生结婚，她在婚宴上向宾客致辞时坦白了自己的抑郁症病史，她还说："如果今天的婚礼上我可以成为一个'新人'，那么我想成为一个什么样的人？我想成为一个对他人的痛苦有更多想象力的人，我想成为可以真正帮助精神病去污名化的人。"她想要的不仅是自己的重生，更是千千万万女孩的重生。可惜，她终究没能战胜内心的煎熬与痛苦，2017 年 4 月，林奕含在家中上吊自杀，时年 26 岁。

很多人不理解她为何自杀，毕竟她刚新婚一年，看上去也很幸福。后来，有心理医生根据她的遗书分析，她很可能是因为无法说服自己才走上了绝路的，她钻进了牛角尖，走投无路，最终，脆弱不堪的心选择了完全放弃。有一个心理学名词叫"斯德哥尔摩综合征"，是指被害者对犯罪者产生了感情，甚至反过来帮助犯罪者的一种情结。不知大家注意到没有，在这种典型案例中，女性被害者占绝大多数。从《被嫌弃的松子一生》到《82年生的金智英》，从《我的天才女友》到《你当像鸟飞往你的山》，身为女性，天性中缺少的安全感让我们一生都在寻找某种力量和依靠，无论我们多努力，最终都可能会败给不够强大的心理。而性这个敏感的话题，更像是某种原罪一样附加在我们身上，我们的情感、欲望、婚姻，都在强大却看不见的社会规则中被撕裂，从这个角度来说，每个女性都有可能因为某个人、某种说法、某种经历或某种价值观而患上"斯德哥尔摩综合征"，只是，有多少人能意识到呢？

对于房思琪的痛苦和撕裂，我们永远无法感同身受，也无法完全体会那种复杂、矛盾甚至毁灭的心理过程。但是，每一个经历过青春期的女性都可以从书中看到熟悉的心理状态，看到心里的阴影，也能找到妨碍自己幸福的负面情绪，还可能会想起青春期所遭遇的老师的不公正对待、父母的打击、同学的欺辱、旁人的闲言碎语，我们要时刻提醒自己，这是不对的，这样不可以。

毕淑敏的作品《女心理师》中，主人公贺顿也有类似的悲惨命运，她青春期时被继父性侵，出现严重的心理问题，甚至身体的感知系统也出了问题，直到一个德高望重的心理学权威专家以残忍的非法手段强制性地让她重新体验当年的情景，才彻底揭开了她身上背负的秘密。最后，贺顿勇敢地将她曾经崇拜的导师告上法庭，她的导师非常意外，因为在被他欺辱的女性中，贺顿是最平凡的一个。他疑惑："是什么给了你力量？"贺顿说："因为心理师中有你这样的人，所以，我会战斗不已。我知道我的力量还不充足。我会把舌头在石头上磨，在骨头上砺，直到有一天锋利无比。"

美国著名的心理学家海姆·G.吉诺特说："青春期并不是一段开心的时光。相反，这是一段不确定、自我怀疑和痛苦的时期。十几岁的孩子要在短短几年中，密集地经受身体的变化、心理的冲动、社交的笨拙、外界的评论等突如其来的压力，所以才会产生青春期特有的躁动、对抗和矛盾。"

由于生理因素，女性的发育和情感启蒙都要早于男性。而且，青春期是一个很复杂的社会性问题，它的复杂性甚至会影响社会和文化的进程。实际上，这个问题在西方凸显得更早。20世纪二三十年代的美国，社会和家庭曾把青春期的反叛视为一种生理骚动。弗洛伊德的心理学也是这样判断的，但是这种判断方式并没有解决实际的问题。因此，有人类学家提出，应该将这种现象归因于文化。

1928年，人类学者玛格丽特·米德出版了人类学专著《萨摩亚人的成年——为西方文明所作的原始人类的青年心理研究》。这本书在田野调查的基础上，将萨摩亚人的青春期与美国人的青春期进行比较，将萨摩亚社会作为"青春期危机"的反例展现在世人面前，并提出萨摩亚社会普遍具有随和性，没有青春期的压抑与苦恼，男女之间的性爱也较为开放。因此，米德和她的导师认为，因为社会文化并没有真正认可个体存在着一个从未成年人到成年人的过渡阶段，所以青春期旺盛的精力反倒可能引发更多的社会文化约束，这是年轻人容易同父辈和社会发生冲突的原因。

我从一个旧书网上购买了这本书。这本书很有趣，记录了萨摩亚少女的青春期生活，确实和现代文明社会中的青春期不一样。尽管米德用这样的方法似乎证明了，自然因素与文化因素会对人的青春期产生不同的影响，但依然没有彻底解决青春期的问题。好在随着这本书的问世，人们渐渐意识到青春期是青少年身心发育的重要阶段，并开始致力于研究如何对青春期产生良性影响。

同时，在米德的研究中，有一点很明确——在美国，青春期的女性所承受的压力和紧张情绪是引发她们对家庭、社会产生逆反行为的重要原因，而且社会文化与文化的表达在很大程度上也会影响青春期少女的价值观，包括友谊、爱情、成功、幸福等，现在的人已经对此有了更多的认识和思考。事实上，每一代人都会被不同的文化影响，并形成极有年代特点的青春期文化现象。以国内流行的图书为例，20世纪70年代流行琼瑶，80年代流行亦舒，90年代看安妮宝贝，2000年看桐华。如果你曾经读过这些作者的书，你会发现，这些书中的女主角有着不同的思想变化与不同的情感追求，从爱情至上到崇尚独立，再到文艺青年和奇幻时空，一代代的女性就这样被影响着走过青春，成为她们喜欢或讨厌的样子。

我的青春是伴随着琼瑶度过的，其实我并不爱看琼瑶的作品，但当时大家都在读，我也就跟着读了一些。琼瑶的文笔确实不错，文采也颇有可取之处，只是故事和价值观很难让人苟同，据说她的小说足足影响了一代人。某著名主持人在一档节目里这样评价琼瑶小说："琼瑶小说殖民了一个时代的年轻人的思想。"之所以会有这样的评价，是因为在琼瑶的小说里，几乎每个女性都是"恋爱脑"。在她们的世界中，一切都要为爱情让路，爱情大过天，她们可以不顾前程、不讲道德、不惜一切地去爱。在这种爱情至上的价值观下，出现了很多匪夷所思的故事，为配合女性角色的极致爱情追求，书中的男性角色也呈现出极为荒诞的行为。这使得很多阅读此类小说的女孩认为，其中的情节当真能够出在现实中，甚至以此为标准来衡量身边的男性，从而失去了理性的判断，陷入扭曲又悲哀的情感历程中。当爱情至上的观念被种种现实击碎，当花前月下的浪漫被柴米油盐替代，这些女孩们才发现，在日复一日的生活中，最可怕的不是没有爱过，而是对爱有完全错误的认知和标准，以错误的方式对待别人和自己，拧巴着过完了一生。

也许你会说，这都是什么时代的事了，现在的女孩子见多识广，不会像以前的女性那样轻易被洗脑。要知道，书籍虽然是传播文化和知识的途径，却有不少人被书误了终身。《红楼梦》里，宝钗批评黛玉，说她被《西厢记》误导了，而崔莺莺也是被话本子上才子佳人的故事迷惑了心神才私订终身，可见文学作品从古至今都对人有很大的影响力。你们的青春同样与时代大潮同步，只不过信息的传播方式变成了网络，变成了移动终端，不断接受的碎片化信息，可能会让处于青春期的你们变得更加迷惘、不知所措。

青春期是一段宝贵的时光，也是一段最容易被辜负的时光，无论我们多么怀念那时的天空，终究已经走过不可重来的岁月。如果你身边有正处于青春期的女孩，请你抽时间和她聊聊，不讲大道理、不给予评价，只是说说你自己的青春。如果你正处在青春期的迷茫当中，请试着从整个人生的视角重新看待自己的心路历程，回到最初，无论是释然还是明悟，我相信，那都是对青春最好的纪念。

毕淑敏在《女生，我悄悄对你说》中写道：

> 我们每个人，都有一部精神的记录，藏在心灵的多宝格内。关于那些最隐秘的刀痕，除了我们自己，没有人知道它在陈旧的纸页上滴下多少血泪。不要乞求它会自然而然地消失，那只是一厢情愿的神话。重新揭开记忆治疗，是一件需要勇气和毅力的事情，所以很多人宁可自欺欺人地糊涂着，也不愿清醒地焚毁自己的心理垃圾。但那些鬼祟也许会在某一个意想不到的瞬间幻化成形，牵引我们步入歧途。我们要关怀自己的心理健康，保护它，医治它，强壮它，而不是压迫它，掩盖它，蒙蔽它。只有正视伤痛，

我们的心，才会清醒有力地搏动。

愿我们都有勇气与过往好好对视，然后坚强地挥手作别，开启另一段崭新的人生。

祝好！

宸冰

延伸阅读

《房思琪的初恋乐园》林奕含　著
《女心理师》毕淑敏　著
《萨摩亚人的成年》[美] 玛格丽特·米德　著
《女生，我悄悄对你说》毕淑敏　著

○ X ○

/ 第 10 封信 /
幸福与友谊

我们可以通过朋友看到自己、映射自己。同辈之间的情感能弥补其他方面的缺失,通过朋友,我们能感受到被认可、被接纳。

亲爱的悠悠：

你好！

不知道你在少女时期有没有无话不谈的好朋友？你们愿意成天腻在一起，叽叽喳喳、打打闹闹，一起吐槽老师、谈论长得帅气的男同学，一起吃零食、看电影，仿佛你们的友谊能地久天长。这样的情谊如此重要，为了维持它我们可能会隐瞒自己的真实感受，热情地迎合他人、融入群体，会为彼此的亲密程度不同而暗自感伤，也会为拥有共同的秘密而感到幸福。今天我想和你聊聊青春期的友谊对女性的影响，毫无疑问，这也是关乎女性幸福的因素之一。

对于我的青春期，我能记得的是，当时我最怕被孤立。无论是课间打闹，还是成群结队地去操场上操，都是女生间进行微妙较量的场合：谁和谁的关系更好，谁在班级里的人缘更好，谁得罪了谁所以被孤立……在男生看来，这些状况莫名其妙，甚至不用理会，可对处在青春期的女孩来说，这些事却十分重要。我记得很长一段时间里我都很苦恼，因为妈妈工作太忙，没太多时间照顾我，所以不许我留长发。而那时，我们几个非常要好的女同学全都是长发及腰，还给我们的小团体取了个名字叫"青丝帮",小团体里唯一留短发的我好像一个异类。所以我那时最大的愿望就是头发快点长长。后来我的头发好不容易过肩了,我迫不及待地想炫耀一下,那时学校规定长发女生在校期间必须把头发扎起来。为了帮助我实现心愿,有一天,我们小团体的五个人全都披着头发去上课,结果,我们自然是被老师一顿臭骂,还被罚打扫教室和操场,但是,到现在我都还记得我们几个人满不在乎地在操场上打闹的模样。于我而言,那正是我们青春期女生之间的友谊和仗义。

除此之外,我们还分享过很多秘密。有人说少女情怀总是诗,但在我看来,最伟大的诗人也无法准确地描写出那种复杂多变的情绪,因为在这些情绪中,不仅有人们常常赋予友谊的忠诚、陪伴、友爱、亲密无间、情同手足,还有攀比、嫉妒、冷漠、冷暴力甚至是背叛,正如世界上所有的事都如一枚硬币的两面一样。而时过境迁后,我们能否对友谊中消极的一面释怀呢?我们是否能够意识到那些情绪依然影响着我们的人生呢?

在电影《七月与安生》里,七月和安生初识于13岁,她们一个是特立独行、飞扬跋扈的"野孩子",一个是单纯温婉、循规蹈矩的"乖乖女"。从相识的那一天开始,七月和安生几乎形影不离,直到某一天,一个名叫苏家明的少年出现在了七月的身边,七月恋爱了。安生决定前往北京讨生活,临别之前,七月意外发现,苏家明贴身带着的玉佩，竟然出现在了安生的脖子上。安生离开了，七月和苏家明继续恋爱，他们考入了同一所大学，约定一毕业就结婚。可是，事情并没有像七月想象的那样发展，她和苏家明的关系也因为安生的归来而产生了变数。

在畅销书《我的天才女友》中，两个主要的女性角色莉拉和埃莱娜，一起成长于那不勒斯一个破败的社区，她们从小形影不离，彼此信赖，但又视对方为自己的隐秘的镜子，暗暗角力。莉拉聪明、漂亮，她毫不畏惧地和欺凌自己的男生对质，甚至去找人人惧怕的男孩要回自己的玩具；埃莱娜羡慕莉拉的学习天赋和超人的决断力，一直暗暗模仿莉拉。后来，莉拉的父母不支持她继续求学，让她到父亲和兄长辛苦经营的修鞋店帮工，她又被几个纨绔子弟追求。埃莱娜则怀着对朋友的关爱、嫉妒和理解，独自继续上学，却始终无法面对要和莉拉竞争的失落。之后，16岁的莉拉决定嫁给肉食店老板。在婚宴上，她发现了丈夫的背叛。而埃莱娜也站在成人世界的入口，既为前途担忧，也因对思想前卫的尼诺产生的朦胧好感而彷徨。

你发现了吗？青春少女对彼此的影响如此之大，而在她们之间发生的一切似乎也都预示着一个女人一生的情感走向乃至命运。有人甚至说，这样的电影和书籍中藏着只有女人才会知道的丑陋秘密。

有网友这样评论《七月与安生》：

她们的关系没办法用"闺蜜"或"情人"来概括，无论是用友情或爱情来评判她俩的感情都是片面肤浅的。她们是一个人，是"我是你，你是我"的关系。

有网友这样评论《我的天才女友》：

女孩之间的友谊到底是什么样的？我相信它有时候会像莉拉为了不让"我"受欺负而持刀对着马尔切洛一样充满义气，有时候会像"我"迫切想在莉拉举办婚礼前找个男朋友以便不被她比下去而充满竞争。这份情谊相爱相杀，或许能用这样一句话表达——我希望你过得好，但不要比我好。

这样的解读也是我对青春期友谊的重要记忆之一，那为什么它对我们这么重要呢？为什么女孩间的友谊看上去充满矛盾呢？我明明很喜欢我的朋友，可为什么会止不住地嫉妒她呢？其实，这些心理十分正常。

心理学家认为，童年时期"友谊"的发展，对人格的建立乃至社会性的建立，都具有不可忽视的作用。美国精神分析学派心理学家哈里·沙利文，在他的著作《精神病学的人际理论》中，根据人际关系对人格特性的影响，将个体分为婴儿期、幼儿期、童年期、前青春期、青春初期和青春后期等六个阶段。当一个人经历这六个阶段后，才会进入一个完整的状态，这也意味着他的人格发展达到了成熟阶段。

还有一位心理学家列夫·维果茨基在《高级心理机能的发展》中提出了高级心理机能的概念，他认为这是社会历史发展的产物。相对于个体来说，高级心理机能是在人际交往活动的过程中产生和发展起来的。维果茨基指出："人的心理发展的第一条客观规律是：人所特有的心理机能不是从内部自发产生的，它们只能产生于人们的协同活动和人与人的交往之中。人的心理发展的第二条客观规律是：人所特有的新的心理过程结构最初必须在人的外部活动中形成，随后才可能转移至内部，成为人内部心理过程的结构。"这段话的大概意思是，人的高级心理机能是在与周围同伴的交往中逐渐发展和建立起来的，我们每个人对友情的渴望不仅是一种本能，更是一种成长与生存的需求，这种需求被以怎样的方式满足，是致使个体人格成熟的重要因素。

那么我们为什么会和朋友"相爱相杀"呢？那是因为，与孩童时期简单的友谊不同，从青春期开始，纯粹的朋友和纯粹的敌人都会变少，而一种新型的、名为"友敌"的关系则会越来越多。研究友敌关系的学者朱丽安·霍尔特-伦斯塔德认为，在成年人的社交关系中，"友敌"关系比纯粹的友谊更为常见。而通常被我们视为"友敌"的关系，其实是一种矛盾的人际纽带，它既能给我们提供一定的支持、关心，也会让我们产生沮丧、不快。"友敌"关系在女性的友谊中更为常见，特别是在青春期女性的友谊中。这可能和女性从小更常被教育要"脾气好"，以及"不要公开表现出攻击、竞争"等有关。同时，"友敌"关系也可能是单方面的，比如一方将另一方视作友敌，但另一方并不知情。

现在你理解了吗？我们的心理活动与外在表达其实很不一样，尤其是女性，我们从小接受的教育和天然的母性使得我们与人相处或交友时没有很强的攻击性，但这并不代表我们没有自己的态度和想法，而那些负面的想法可能会以各种莫名其妙的方式表现出来。如果你看过一些女频文，对那些宅斗小说里所写的大家族中的钩心斗角一定不会陌生。虽然文学作品对这些争斗的描写有些夸大，但这可能就是"友敌"关系造成的。

在我们成长的过程中，不仅需要与父母建立密切的联系，也需要同伴之间的友情。好的伙伴仿佛一面镜子，在一个人的自我意识和觉察能力没有形成前，我们可以通过朋友看到自己、映射自己。而通过与同伴的交往，我们也能更好地发展自己的情感能力，朋友之间的爱和恨、欣赏与竞争、认可与否定等都是让情感成熟的动力。如果一个人的原生家庭不够幸福，那么同辈群体之间的感情也能弥补这部分的缺失。通过朋友，我们可以被认可、被接纳，这就是友谊的可贵之处。

在青春期，我们开始认识自己，并学习如何与人交往，这个时期的友情会涉及更多的自我暴露。我们会寻找那些和自己价值观一致的人，一旦找到这样的人，我们可能会认为对方是这世界上最理解和支持自己的人。在这个时期，我们在友情中还会表现出嫉妒、占有欲等心理特征，而且自我边界常常是不清晰的，但这正是我们学习与人亲密相处的过程。我们很容易被身边的朋友影响，我相信很多人都曾有过类似的经历——因为朋友说某件衣服不好看，就将它塞在衣柜的最底层。

不过，正如《七月与安生》《我的天才女友》中的情节一样，我们每一个人都在不断变化，在这个过程中，友情也经受着更大的考验。有时我们可能会为了友情而牺牲、伤害自己。安生为了成全七月，放弃了自己也喜欢的男孩，只身离开；当混混马尔切洛调戏埃莱娜时，莉拉挺身而出保护了埃莱娜。有时我们也可能会与朋友竞争，在《我的天才女友》中，莉拉得知埃莱娜可以继续上学时，她很嫉妒，耍了小花招，以至埃莱娜被父母责骂，她以为这样可以让埃莱娜失去上学的机会。埃莱娜上初中时，莉拉出于嫉妒心对她刻意疏远。后来埃莱娜开始学习拉丁文、希腊语，莉拉也开始自学这两门语言，与埃莱娜暗中较劲。再后来，莉拉订婚了，总在埃莱娜谈起学业时对她冷嘲热讽。

但真正的朋友之间终究会和解，也会互相学习。在电影中，七月放下了家明，放下了爱情，找到了安生，她们再次回到了初遇时的样子，两人的生活再次重合。七月生下与家明的女儿后不幸去世，安生决定抚养这个孩子。而埃莱娜则在莉拉身上学会了坚强、独立和勇敢。当她面对生活中的困境时，她会想象莉拉处于她的境地时会如何处理，由此获得力量和勇气。莉拉从埃莱娜身上感受到了陪伴、理解和惺惺相惜。后来，当不能继续学业时，她便从埃莱娜身上寻找希望。她们作为彼此的参照系，引导着对方成长。身为女性，我们懂得彼此，也需要彼此。我们彼此陪伴着走过了青春岁月。此刻，你会不会想起青春记忆中那个扎着马尾辫的女孩？如果你们已经很久没有联系，或许你可以打个电话给她，让友谊带你们重返 18 岁。

  祝好！

宸冰

▶ 延伸阅读

《七月与安生》安妮宝贝　著
《我的天才女友》[意] 埃莱娜·费兰特　著
《精神病学的人际理论》[美] 哈里·斯塔克·沙利文　著
《社会中的心智：高级心理过程的发展》[俄] 列夫·维果茨基　著

/ 第 11 封信 /
幸福与自爱

我们在意身边的一切,却忘了好好看清自己、理解自己,我们活成了别人想要的样子,却成了自己眼中的陌生人。

亲爱的悠悠：

你好！

罗曼·罗兰曾说过："爱是生命的火焰，没有它，一切变成黑夜。"是的，我终于和你聊到这个对女性来说可能是最重要的话题了。但是，因为每个人对爱的渴望与重视的程度是不一样的，而且不同的人生阶段，我们对爱有不同的理解与需求，并且每个人对爱有不同的认知和态度，所以"爱"这个话题变得宏大且沉重，接下来，我会用三封信讲讲我对爱的观察和领悟。

你觉得最值得被自己爱的人是谁？父母、丈夫、孩子，还是你自己？在我看来，最值得被爱的是自己，爱自己是我们人生中的一个重要命题。但遗憾的是，很多女性天然地带着一种母性视角，不自觉地向外寻找，她们以为只有爱别人才是爱，而爱自己是自私的，这样的爱往往带着付出、奉献和牺牲。在这种观念的影响下，我们可能会掏心掏肺地对别人好，习惯性地隐藏自己的真实需求。如果这样的付出能得到对方的认可与感激也不失为一件好事，但现实往往是，女性一方面要与自己的天性作斗争，另一方面还会让对方感到压力沉重，甚至产生逆反心理。无论是你的爱人还是孩子，都可能以各种方式来反抗，这又反过来加剧了女性的痛苦，让我们不断地陷入自我怀疑和自我否定的恶性循环中。无论是心理学理论还是无数真实案例，都告诉我们，单方面付出的爱最后可能会变成对自己和他人的双向枷锁。无论是亲人、爱人还是子女，每一个人都是独立的个体，在爱他们之前应该先好好地爱自己，对女性来说这将是我们学习爱的第一堂课，也是最重要的一堂课。

5月25日，谐音"我爱我"，是全国大学生心理健康日，意在提醒大学生要珍惜生命，关爱自己。在我看来，这一天应该成为每一个人的节日，尤其是成年人。我们几乎从没有认真接受过爱的教育，一路跌跌撞撞地走来，磕碰之间，很多人早已失去了对爱的感觉，已经变得强硬、麻木、冷漠，好像只有这样才能不受伤、不痛苦，其实，这样不仅错过了爱别人的机会，也放弃了爱自己的机会。

当然，爱自己并不是让你成为一个眼里只有自己、自私任性的人，更不是以爱自己的名义贪图安逸和享受，逃避责任和付出，而是能够坦然地接受生命中的种种际遇，通过认真地爱自己而获得强大的内在能量，从而收获属于自己的幸福。因此，在我看来，爱自己首先要真正地认识自己，接纳自己，欣赏自己，提升自己，并在这个过程中不断地反思，不较劲、不焦虑，也不要被外界的声音所影响，坚定地活出真实的自己。

我相信，无论你身处何地，身边一定有许多优秀的女性，她们在各自的领域奋斗着，在生活中也都是独立自强、有自我追求的，可是却迟迟没有找到能够相守相伴的爱人，这是为什么呢？在我看来，其中一个原因可能是她们不够爱自己。

我所说的爱自己，并不是让你把辛苦挣来的钱都用在化妆、打扮、买衣服上；也不是让你给男性列出种种需要他们遵守的相处规则；不是自恋自怜地觉得身边的人都负了你；也不是把责任都推给原生家庭；不是觉得养条狗都比男人强，所以懒得努力；也不是因为怕受伤害而止步不前。我所说的爱自己，是希望你知道用什么样的方式才能增长智慧，既能看清爱情和婚姻的本质，又能坦然地面对各种可能；既能客观地认识自己，又能在看待别人时不极端地追求完美，哪怕这个过程很痛苦，也要勇敢面对。就像小孩子学走路，总是要摔过几跤后才能稳步向前，如果一直害怕摔倒，那就无法自由前行。

爱自己是一种境界，因为这要求你要超越一般意义上的自我，把自己放在一个人的维度上认真思考生命的意义，要求你除了妻子、母亲这样的生存使命外还能对自己提出更高的要求，只有眼界和心胸更加宽广，只有灵魂更加有趣，你才能好好地爱自己。

每当有女性让我推荐图书时，我给她列的书单里一定有《夜航西飞》这本书，这是一本著名的回忆录，作者柏瑞尔·马卡姆以20世纪二三十年代的肯尼亚为背景，真实地再现了她在非洲的生活，包括她毕生钟爱的两项有趣又传奇的事业——训练赛马和驾驶飞机。海明威对这本书也评价颇高："她写得很好，精彩至极，让我愧为作家。"

20世纪30年代，绝大多数女性都是家庭主妇，而18岁的柏瑞尔却成了非洲首位持赛马训练师执照的女性，一年后，她又成为非洲第一位职业女飞行员。1936年9月，柏瑞尔驾驶飞机从英国出发，一路向西飞行，最后在加拿大迫降，耗时21小时25分，成为第一位单人由东向西飞越大西洋的飞行员。但拥有如此独特经历的她在感情与婚姻中并不幸福。她有过两段潦草的婚姻，与众多男性传出过风流韵事，陷入过三角恋情……无数关于她的秘辛一直在肯尼亚的社交圈流传。第三次离婚后，她选择孤身一人生活，回到内罗毕，重新开始赛马训练师的职业，活到了84岁。

"命运对那些不把它放在眼里的人，总是异常慷慨"。对柏瑞尔来说，爱自己意味着成全自己，去做想做的事，也意味着付出代价。在《夜航西飞》里，柏瑞尔写道：

> 我们要去距离这里3600英里的地方，其中2000英里是连绵不绝的海洋。一路上大部分时间是夜晚。我们将趁着夜色西飞。

柏瑞尔独自驾驶着飞机穿越整个大西洋，你能想象这有多么孤独和危险吗？那可是航空技术水平普遍都很低的 1936 年。在决定开始这项挑战时，她也曾犹豫。她这样写道：

> 我凝视着阿尔登翰住所卧室的天花板，它和所有的天花板一样平淡无奇。感觉焦虑多过坚定，莽撞远胜于勇气。我对自己说："当然啦，你没必要这么做。"当这么说的同时，也深知没有什么能够动摇我对自尊许下的承诺。如同一开始那样，我可以追问："为什么要冒这个险？"我也可以回答："为着顺应天赋。"一个水手天生就该远航，一个飞行员天生就要去飞翔。我想这就是我飞越两万五千英里的原因。我能预料到的是，只要我有架飞机，只要天空还在，我就会继续飞下去。

一旦选择就义无反顾地坚持下去，对女性而言，这是如此不同寻常却又令人兴奋。柏瑞尔的飞行过程并不顺利，飞机的引擎数次出现问题，这意味着飞机随时都有在茫茫的海面上坠毁的风险，而当夜幕低垂，独自面对夜空与大海时，她还能冷静、镇定地思考吗？那一刻，柏瑞尔不仅是个飞行家，更是个哲学家。她这样写道：

> 可能等你过完自己的一生，到最后却发现了解别人胜过了解你自己，你学会观察他人，但你从不观察自己，因为

你在与孤独苦苦抗争。假如你阅读，或玩纸牌，或照料一条狗，你就是在逃避自己。对孤独的厌恶就如同想要生存的本能一样理所当然，如果不是这样，人类就不会费神创造什么字母表，或是从动物的叫喊中总结出语言，也不会穿梭在各大洲之间，每个人都想知道别人是什么样子。即便在飞机中独处一晚和一天这么短的时间，不可避免地孤身一人，除了微弱光线中的仪器和双手，没有别的能看；除了自己的勇气，没有别的好盘算；除了扎根在你脑海的那些信仰、面孔和希望，没有别的好思索——这种体验就像你在夜晚发现有陌生人与你并肩而行那般叫人惊讶。你就是那个陌生人。

我读到这一页时忍不住热泪盈眶，心里有一种说不出的感受，有钦佩、理解、共鸣，还有深深的认同和思考。我们终其一生都在试图融入社会，赢得他人的认可，我们努力活成了自己想要的样子，也只不过是希望能被那些我们在乎的人看见。我们在意身边的一切，却忘了好好看清自己，理解自己，我们一直在做自己眼中的陌生人。就像《自我的本质》这本书里写的那样："我是我以为你以为的我。"

而我相信，对打破禁锢、选择挑战自己的柏瑞尔来说，那一刻就是永恒，是对生命真谛的领悟。当她在非洲的草原上游荡时，在面对狮子、大象和豹子的威胁时，在驯服一匹又一匹烈马时，在遭遇抢劫被打成重伤时……所经历的冒险与挑战，才成就了这个孤独却幸福且独一无二的女人。

毛姆在《月亮与六便士》里写道："人往往不是自己渴望成为的人，而是不得不成为的人。"绝大多数人都这样过完了一生，也没什么不好，但是如果有选择，你会不会因为爱自己而作出不一样的决定呢？柏瑞尔拥有了孤独的人生和传奇的经历，但她作出所有决定时都出于本心，一直在好好地爱自己。

无论我们最终会成为什么样的人，过什么样的生活，都能因为爱自己而收获属于我们的幸福。所以，我希望我和你，还有更多的朋友都能认识到，我们越早开始客观且清醒地认识自己，完全包容、接纳自己，坦然自信地欣赏自己，通过持续学习来提升自己，并认真地爱护自己，就能越早拥有属于自己的幸福。

我现在也是一个认真爱自己的人，我感到很幸福，这并不容易。我深深地意识到，如果我没有在童年时就坚定地选择与书为伴，恐怕也很难学会爱自己。

还记得我讲的关于原生家庭的话题吗？我一直对我的童年和家庭耿耿于怀，一方面，我能够站在父母的角度理解他们的想法与做法，但另一方面，基于情感缺失的心理，我也很难释怀。很长一段时间里，我所有的努力都是希望能够赢得父母的认可，希望他们会用我想要的方式来爱我,但后来我发现,这些努力其实是没用的,他们有自己的思维方式和评判标准,甚至会下意识地用打压的方式来表达对我的认可,而这恰恰是我最无法接受的。当一次次期待落空后,我也很容易感到愤怒和委屈,甚至开始犹豫自己是否还要继续努力。

　　直到我读了很多的书,才慢慢开始转变,并且学会把注意力放到自己身上。无论做什么事情,我都会先问问自己内心的真实感受,这是我真正想做的吗?这能带给我幸福和愉快的感受吗?这能帮助到他人吗?无论是我选择的第一份工作,还是我现在从事的事业,无论是我的感情,还是婚姻,尽管也曾有过一些坎坷,也面对过很多的挑战和失败,但我发现,只要我这样去作决策并开始行动,即使结果不如人意,我也能从中获得成长和历练,爱和认可。这也是我给你写信的初衷,我想把这些感受与读到的好书都分享给你,并帮助更多的女性开始真正地爱自己,就像卓别林那首名为《当我真正开始爱自己》的诗所写的那样。在这封信的最后,请允许我分享这首诗,我希望看到诗的你能用轻柔的嗓音,真诚而坚定地朗读它,因为这里面蕴藏着让我们爱自己的能量和勇气。

　　祝好!

宸冰

当我真正开始爱自己

卓别林

当我真正开始爱自己,
我才认识到,所有的痛苦和情感的折磨,
都只是提醒我:
人活着,不要违背自己的本心。
今天我明白了,这叫作——
真实

当我真正开始爱自己,
我才明白:
把自己的愿望强加于人,是多么的无礼。
就算我知道更好的方法
对他人来说,时机也许尚未成熟,
他人也需要做好准备,
就算那个人就是我自己,
今天我明白了,这叫作——
尊重

当我开始真正爱自己,

我不再渴求不同的人生，
我知道任何发生在我身边的事情，
都是对我成长的邀请。
如今，我称之为——
成熟

当我真正开始爱自己，
我才明白：
我其实一直都在正确的时间，正确的地方，
发生的一切都恰如其分。
由此我得以平静。
今天我明白了，这叫作——
自信

当我开始真正爱自己，
我不再牺牲自己的自由时间，
不再去勾画什么宏伟的明天。
今天我只做有趣和快乐的事，
做自己热爱，让心欢喜的事，
用我的方式，以我的韵律。
今天我明白了，这叫作——

单纯

当我开始真正爱自己,
我开始远离一切不健康的东西。
不论是饮食和人物,还是事情和环境,
我远离一切让我远离本真的东西。
从前我把这叫做"追求健康的自私自利",
但今天我明白了,这是——
自爱

当我开始真正爱自己,
我不再总想着要永远正确,不犯错误。
我也不再盯着别人的错误,
我接纳所有的一切。
我今天明白了,这叫作——
谦逊

我当开始真正爱自己,
我不再继续沉溺于过去,
也不再为明天而忧虑,
现在我只活在一切正在发生的当下,

今天，我活在此时此地，

　　　　　之就是——

　　　　自己，

　　　　的自由时间，
不再去勾画什么宏伟的明天。
我只做快乐和有趣的事，
做自己热爱、让心欢喜的事，
用我的方式，我的韵律，
今天我明白了，这叫作——
诚实

当我开始真正爱自己，
我明白，我的思虑会让我变得贫乏和病态，
但当我唤起了心灵的力量，
理智就变成了一个重要的伙伴，
这种组合我称之为——
心灵的智慧

当我开始真正的爱自己，

我们无须再害怕自己和他人的分歧，矛盾和问题，

因为即使星星有时也会碰在一起，

形成新的世界。

今天我明白，这就是——

生命

宸冰

延伸阅读

《玫瑰门》铁凝　著

《大浴女》铁凝　著

《女人的白夜》铁凝　著

《夜航西飞》[英] 柏瑞尔·马卡姆　著

《月亮与六便士》[英] 威廉·萨默塞特·毛姆　著

/ 第 12 封信 /
幸福与爱情

在蓦然回首的刹那中,在光影交错的瞬间,爱情已悄然来临,然而这爱情到底是偶然间的邂逅,还是无数次刻意之后的相遇。爱本就不是一件简单的事。

亲爱的悠悠：

你好！

接下来我们聊聊爱情。如裴多菲那首知名的诗所说："生命诚可贵，爱情价更高。若为自由故，二者皆可抛。"在诗里，他把爱情看得比生命还重要，但终究不敌自由。这诗一看便知是男人写的，因为如果让女人来选，可能不少女性都会选爱情而不是自由，并不是说女性不爱自由，只是很多女性所渴望的幸福，就是源自爱情。

在文学作品和影视剧中，为了爱情而付出一切的女性人物不胜枚举，我相信你一定也看过很多。比如怒沉百宝箱的杜十娘、被压在雷峰塔底的白素贞、吐血而亡的林黛玉、卧轨自杀的安娜·卡列尼娜。古今中外，除了这些极端的故事，每个人应该都能说出几个为爱神伤的女性人物吧。那到了现在，还有这样的爱情吗，女性还需要用这样的爱情来证明自己的幸福吗？在《脱口秀大会》的舞台上，曾有过一位年轻、未婚，甚至没有谈过恋爱的女演员。她在节目中讲了一段很好笑的脱口秀，大意是：为什么伴郎、伴娘都是未婚男女，那是因为无知者无畏，他们没经历过婚姻，所以不知道婚姻有多么可怕和不堪。如果伴郎、伴娘是已婚男女，那将会是一个很有喜剧感的画面，估计所有的伴郎和伴娘都会想尽一切办法极力阻止这对新人走进婚姻。

当时这段脱口秀赢得了不少年轻观众的掌声，嘉宾席上的三位男性也纷纷拍亮灯表示鼓励和赞许。但场上唯一的女性嘉宾一直都没有拍亮灯，并在点评的时候直接表达了自己的感受，说她觉得这个笑话不好笑。她说，表演者没有婚姻经历，甚至没有爱情经历，怎么会对婚姻有这么严重的偏见，把结婚说成一件这么可怕的事情呢？之后，网络上的很多年轻网友对这一段节目内容议论纷纷。舆论一边倒地支持女性表演者，还有人评论说，女嘉宾自己就经历过失败的婚姻，为什么不能理解当代年轻人对婚姻的恐惧和调侃呢，为什么要那么严肃地、不通情理地指责一位还没有走进婚姻的年轻女性呢？

你看，有意思的地方恰恰就在这里。

那个经历过失败婚姻，在演艺圈、娱乐圈乘风破浪的女嘉宾，不能理解年轻人对婚姻的调侃和戏谑，觉得年轻人还是要相信爱情，也无法理解那些还没有走进婚姻，甚至没有经历过完整爱情的年轻人，不明白她们为什么对婚姻有恐惧感，明明她们还什么都没有经历过，却说"婚姻的大门一打开，快乐的大门就永远关上了"。其实女嘉宾想表达的是，女性如果不相信爱情，把婚姻想象得如此不堪，那还能获得幸福吗？而那些年轻的网友可能是这么想的：如果爱情和婚姻离我们还很远，那不如先调侃一番，至少我们当下获得了快乐，同时还能为以后婚姻中可能的不堪先打好预防针。如果有朝一日真的不得已要面对这样的婚姻，我们也不至于太过失望，甚至还能自嘲一把——你看，我早就说了，婚姻就是这个样子。

我能理解这些年轻女性的想法，也理解她们这种自我调侃与满心期待兼而有之的矛盾心态，但我还是想劝那些不随波逐流、有自己独立见解的女性，对幸福与美好要有所期待。

你若不向往，爱情怎能来？

众所周知，杨绛与钱锺书有一段圆满的爱情。他们第一次见面时，钱锺书便说："我没有订婚。"杨绛说："我也没有男朋友。"一段佳缘由此展开，不久之后二人便结为夫妻，一同出国留学，在牛津和巴黎都留下了他们相爱的足迹。钱锺书曾经在诗歌中这样回忆初见杨绛的情景："缬眼容光忆见初，蔷薇新瓣浸醍醐。不知腼洗儿时面，曾取红花和雪无。"他们的感情让人十分艳羡，世界上竟真有如此美好的爱情。

杨绛认为爱情无关门第，灵魂上的门当户对才是关键，感情中最重要的是互相付出，最基本的是学会尊重彼此，不要贪图回报，爱情是互相理解，而非互相指责。她曾说："月盈则亏，水满则溢，我们的爱情到这里就可以了，我不要它溢出来。"爱情中最好的状态，便是不要爱得太满，否则彼此都会很累。

而杨绛和钱锺书的美满婚姻告诉我们,最好的爱情既有乍见之欢,又有久处不厌。在婚姻中,她与钱锺书既是相濡以沫的俗世夫妻,又是心意相通的灵魂伴侣。关于他们的婚姻,钱锺书用英国某传记作家的话概括:"我见到她之前,从未想过要结婚;我娶了她几十年,从未后悔娶她,也从未想要过娶别的女人。"杨绛听到这话说:"我和他一样。"二人的婚姻可谓琴瑟和鸣,让二人携手走过一生的最重要因素还是感情,没了感情,一切犹如散沙,稍不注意幸福便随风消散。但是,在不同的时代,我们对幸福的定义也不一样。

在动荡时,安稳就是幸福;在稚嫩时,成长就是幸福;在富足时,精神和思想同频就是幸福;在老去时,拥有美好的回忆和健康的身体就是幸福。但无论什么时候,无论在哪里,能够拥有一段美好的爱情,无疑都是幸福的;无论什么家境和背景,拥有一个和谐美满的家庭,无疑都是幸福的。

而我们对幸福的真诚期待,对美好的念念不忘,都是值得珍藏的。

其实我们都知道,爱情光靠苦读是学不会的,也不是金钱可以买到的,更不是通过权势和名誉能换取的。到底什么是爱情,女性要怎样才能获得真正的爱情和幸福,或许是永远也无法说得清、道得明的。

村上春树在他的经典作品《挪威的森林》中,曾用这样一段话描绘女性心中的爱情:

"我真希望拥有真爱,哪怕一回都好。"

"你想要什么样的真爱呢?"

"比方说吧,我跟你说我想吃草莓蛋糕,你就立刻丢下一切,跑去给我买,接着气喘吁吁地把蛋糕递给我,然后我说'我现在不想要了',于是你二话不说就把蛋糕丢出窗外,这,就是我说的真爱。"

"我觉得这跟真爱一点关系都没有嘛。"

"有啊,我希望对方答道'知道了,都是我的错,我真是头没脑子的蠢驴,我再去给你买别的,你想要什么?巧克力慕斯还是芝士蛋糕?'"

"然后呢?"

"然后我就好好爱他。"

村上春树的这段话,某种程度上深刻描绘了一个小女人心中所向往的爱情。而且,可能每一个女人心里都有这样的情怀。

对女性来说,拥有爱情其实是拥有一种确定感和安全感。我们需要确定这个男人是爱自己的,还需要确定和这个男人在一起是安全的,是不会被忽视的。可是时代变了,我们身边有太多的不确定,也有太多的诱惑,别说男人,就连女人也经常会面对各种诱惑,需要不停地作出各种选择。而幸福恰恰就建立在不再继续选择的基础之上。

爱情的美好之处在于，两个人一旦相爱，就突然有了一个新的世界，并且是仅仅属于你们俩的世界。当两个人相爱后，你们会一同应对广阔的真实世界。如果你还没找到你爱的人，就只能一个人去应对一切，你的心可能始终是孤独的。

婚姻的美好在于，它能让我们获得一种确定感，至少在步入婚姻的那一刻，我们是确定的，心有所属、人有所归。当你有一个自己的家，你也会发自内心地确定，这就是你身心休憩的地方，和拥有了爱的人一样，你拥有了一个独特的小世界，能更从容地应对外面的风雨。

写到这里，我也很感慨，作为女性，谁不期许能拥有这样的一个小世界呢？

我想，作为一个过来人，脱口秀节目里那位女嘉宾肯定在某一刻，或者曾经的一段时间里，体验过爱情和婚姻的美好。所以，当一个年轻的女孩，在尚未经历过爱情和婚姻的时候就偏颇地描述婚姻时，她很不以为然，甚至有点愤怒；而那个年轻的脱口秀女演员，正是因为没有爱情经历和婚姻体验，宁愿把它们想得糟糕一点，她认为这样总比满怀期待却落得一场空要好。很显然，这只是人处在不同阶段的不同想法罢了。经历过婚姻的人，其实也无法准确地描述进入婚姻到底是种什么样的体验和感受。

这让我想到了在风景区爬山时常会遇到的情景。当上山的游客遇到下山的游客，往往会问："上面的风景怎么样啊？"下山的游客会说："这么辛苦地爬上去，你看到后可能会后悔的，但是你不爬上去会更后悔。"人生何尝不是一次这样的攀登呢？不到顶峰就半路退却的人，就像是来人世间一趟，什么都没有发生，那才是真正要后悔的事情。爱情和婚姻其实也是这样的，幸福、快乐其实就在这一路的体验中，不关乎好坏，无所谓对错，经历过就是值得的。

年轻的时候，我觉得爱情是一颗糖，甜甜的，会一直这样美好下去。我读着徐志摩的诗，期待着那片云投影在自己的心湖间；我唱着《最浪漫的事》，想象着我甜蜜幸福地坐在秋千上；我读琼瑶，为刻骨铭心的爱情流泪；我读《简·爱》，为男女主人公的爱情而感动。有了男友后，我会放大每一个微小的细节，想要证明他爱我，陶醉在甜言蜜语中，沉醉在鲜花、礼物里。我以为这就是爱。记得那时候流行梁静茹的歌，她的那首《勇气》，歌词很有深意："终于做了这个决定，别人怎么说我不理，只要你也一样的肯定，我愿意天涯海角都随你去。"这是多么义无反顾的情感，我们甚至可以为此面对各种非议："爱真的需要勇气，来面对流言蜚语，只要你一个眼神肯定，我的爱就有意义。"那时候，我真的以为这就是爱情的样子，并为自己有这样的勇气而自豪。

我记得上初中时，隔壁班有一个很帅的男孩，外号叫"刀锋"，他学习成绩不好，还经常打架逃学，但几乎所有的女生都被他迷住了。那时候的喜欢简直没有道理，但确实很美好。那个年代的人自然是保守的，有萌动的心和稚嫩的好感，却不敢大胆表白，这也让很多人在唱起《同桌的你》时感觉内心怅然，但每每想起，我都觉得那些时光单纯而美好。

很多年后我才知道，那时候，我们对男生的好感很大程度上是一种心理渴望的映射。生命的本能驱使我们去寻找自己不具备的某种特质，在这个过程中，我们会逐渐形成完整的人格。《人世间》里的乔春燕就是爱上了与自己性格、为人完全不同的周秉昆，在她看来，周秉昆身上有别于市井气的特质就是对她世俗生活的拯救。从这个角度来说，爱情对于女性和男性来说意义是不同的，女性的爱情里充满了想象甚至幻想，会幻想出关于这个男人的一切，把好的放大，把坏的忽略，只要有一点吸引自己，就完全不顾其他方面。一旦爱上某个男人，就会本能地站在这个男人的角度去考虑问题，哪怕他的表现并不令人满意，也会为他找到很多借口开脱；哪怕他做了一些触及自己原则和底线的事情，也会为他辩解并原谅他。你也许会说，女人为什么要这么轻贱自己，谈个恋爱而已，不合适就分手啊。其实，这些女孩也知道自己这样不好，但是在那一刻，她们认为爱就是一种牺牲甚至奉献，她们陶醉在自己编织的爱的幻象中，至死方休。

著名作家茨威格在经历了第一次世界大战之后开始了他在创作上最为重要的十年。在那个动荡的年代，茨威格写出了他的著名作品《一个陌生女人的来信》，小说将这种奉献型的爱情书写到了极致。在书中，女主人公从少女时期就暗恋一个作家，因为她在作家身上看到了自己无比向往却没有的高贵气质，这甚至间接改变了她的命运。为了接近作家，她努力学习如何成为一个高雅的女人。成年之后，她为了这份所谓的爱情千方百计找到了作家，但有意思的是，尽管此时的她已是风华绝代，但面对作家时，却依然是那个自卑的女孩。在进行种种自我心理暗示后，她并没有选择光明正大地与作家恋爱，而是以各种不同的面貌接近这个作家，和他谈情说爱。这个作家本来就是情场浪子，对这个女人的身份一无所知，只是乐于有如此漂亮的女孩愿意与自己发生一夜情。后来，女人怀孕了，但她没有告诉作家。为了养育孩子，她委身于别的男人，成了一名被人包养的情妇。后来她的孩子因病夭折，女人也生了重病。在临死之前，绝望中的她给作家写了一封信，告诉了他这个悲伤的爱情故事。

　　小说就是以作家收到一封信开始的，信的开头写道："如果你收到了这封信，说明我已经离开了人世了，我想让你知道，我曾经多么深刻地爱过你。"我们常说，时代是故事的摇篮，也许现在的90后、00后无法理解这样的爱，也不会用这样的方式去爱一个人，但是在19世纪，这种爱是会被人们认同的，甚至追求的。这是当时社会状态和价值观的某种体现，也是当时的女性地位与女性意识的直接反映。

　　在茨威格所处的那个年代，《一个陌生女人的来信》这部小说不仅凝结了作者对战前种种思潮的思考，也体现了他对自我中心主义的质疑和反思。

书中的主人公身上存在着一种精神危机，她无法与他人产生联系，竭力保持自我的独立性，却屡屡失败。她一直试图通过爱慕他人来定义自我，却始终屈从于对方的地位之下。她的死亡并不是自我的胜利，而是自我救赎的失败。她的悲剧突显了她的困境，她的精神危机直到生命终结时都没有得到解决。

这本书让茨威格获得了"世界上最了解女人的作家"的称号，那些关于女性心理的描写，那些微妙的情绪感受，那些内心深处难以言说的秘密，以及那些疯狂的念头和勇气，都让读者感同身受。尽管我们不会像书中人那样行事，但我相信无论时代和环境如何变化，其实每个女性或多或少都会有那样的心理状态和情绪变化。所以，我们要学习反思和批判性思考，因为我们都有可能在某个瞬间掉入这样的爱情陷阱，它不一定是别人制造的。始作俑者也可能是那个没有建立起健康自我的自己。

俄裔美籍作家安·兰德曾说过这样一句话："你生命中道德的唯一目的就是获得幸福。这个幸福不是痛苦或者失去头脑后的自我陶醉，而是你人格完整的证明。"对爱情来说更是如此。爱情最好的样子是双向奔赴、势均力敌，只有拥有了独立的自我和强大的精神世界，只有先接纳并认可真实的自己，才有可能学会爱别人。在爱情中，我们都渴望的自由和平等也是永恒的课题。相爱的两人不仅要拥有属于自己的自由人格，也需要两人之间的平等。

在中国传统的婚姻中，有一个词语叫作"门当户对"，这个词放到现在的爱情中同样适用，这里所说的"门当户对"指的并不是双方的家庭匹配，而是双方在能力、三观和生活方式等方面的匹配。此外，想要获得完整的人格有两个必要条件，一是精神意识上的觉醒，二是物质上的独立，两者缺一不可。比起我们的父母和祖辈，现代女性有了更多的选择，无论是独立自由的意识，还是自给自足的物质基础，我们都有了更大的权利，但这并不表示现代女性天然就能拥有更完整的人格和更成熟的情商。而且这样的自由同样会带来困扰，因为当一切都可以选择时，恰恰是考验你独立思考能力和判断能力的时候。

我还想和你分享一本纯粹的书，纯粹到只谈论爱情，它就是澳大利亚作家考琳·麦卡洛创作的长篇小说《荆棘鸟》，被誉为澳大利亚的《飘》。这部作品以女主人公梅吉和神父拉尔夫的爱情纠葛为主线，描写了克利里一家三代人的故事，时间跨度长达半个多世纪，呈现了三代女性不同的性格和爱情故事，反映出女性在传统社会中的挣扎和抗争，以及为了真正的爱情而付出的勇气和决心。这些主题不仅深深地打动了女性读者，也让所有人感受到了女性内心深处的坚韧和自我意识。

我记得，我阅读这本书的时候大概是 1990 年。当时它给我留下了深刻的印象，甚至影响了我的爱情观。在书中，我们看到了一段禁忌之恋，主角明知道这段感情不会有好的结果，还是爱得义无反顾，并且愿意为爱情付出一切。正如这本书的主旨所表达的那样，真正的爱和一切美好的东西都要用难以想象的代价去换取。《荆棘鸟》的序言中有这么一段话：

> 有一个传说，说的是有那么一只鸟儿，它一生只唱一次，那歌声比世上所有一切生灵的歌声都更加优美动听。从离开巢窝的那一刻起，它就在寻找着荆棘树，直到如愿以偿，才歇息下来。然后，它把自己的身体扎进最长、最尖的荆棘上，便在那荒蛮的枝条之间放开了歌喉。在奄奄一息的时刻，它超脱了自身的痛苦，而那歌声竟然使云雀和夜莺都黯然失色。这是一曲无比美好的歌，曲终而命竭。然而，整个世界都在静静地谛听着，上帝也在苍穹中微笑。因为最美好的东西只能用最深痛的巨创来换取……这就是荆棘鸟的传说。

简单向你介绍一下这本书吧，作者在小说的一开始就向我们解释了"荆棘鸟"的内涵，并为整部小说构建了一条暗线——克里利家三代人，每一代都有一只荆棘鸟。而且，我们能看到，梅吉便是小说中那只最引人注目的荆棘鸟，而拉尔夫就是她那根最长最尖的荆棘。荆棘鸟用生命换来一支震慑天地的歌儿，梅吉与拉尔夫则用一生的幸福换来一场伟大的爱情。

当然，不是所有的爱情都需要付出巨大的代价才能得到，有的人得偿所愿，有的人黯然放弃，还有很多人只是遥遥观望，不相信爱情，也不敢轻易追求爱情。那么，你呢？亲爱的悠悠，你会大胆地选择爱情吗？你敢不敢将自己投入其中，哪怕可能会受伤呢？

《荆棘鸟》中写道：

> 鸟儿胸前带着荆棘，它遵循一个不可改变的法则。它被不知其名的东西刺穿身体，被驱赶着，歌唱着死去。在那荆棘刺进的一瞬，它没有意识到死之将临。它只是唱着、唱着，直到生命耗尽，再也唱不出一个音符。但是，当我们把荆棘扎进胸膛时，我们是知道的，我们是明明白白的。然而，我们却依然要这样做，我们依然把棘刺扎进胸膛。

如果要我给你一个建议，我还是希望你能遇到一份刻骨铭心的爱情。对女人来说，这不仅是浪漫的回忆，更是生命成长中必经的一课。现在，已经很少有人追求这种极致的爱了，在很多年轻人看来，人生其实不需要那么多幽怨缠绵的感情戏码，但我们也要意识到爱情存在的必要性，这是无法逃避的。我们要做的是努力提升自己，了解其中的奥秘，打开心扉，鼓起勇气，勇敢地尝试和体验。如果你依旧胆怯，那么多阅读一些描写爱情的书籍也是个好办法，在书中的女性角色身上，我们可以投射情感，与她们共鸣，体会她们的不同选择，设想如果自己面临她们的际遇时会怎么做。不要只沉浸于情节和故事中，要去思考背后的含义，以及她们可以选择的另一种可能性，甚至可以试着为她们创造另外一种命运。此外，你也可以试着和自己的女性朋友讨论书中人物的命运和遭遇，在这个过程中，你也许会惊讶地发现，原来你们喜欢的角色不同，并不都赞同书中人物的每一个决定。你们甚至可能会因为书中角色的命运而发生争吵，但在这样的讨论和交流中，你们的观点会不断地碰撞、融合，这能让你的理解变得更加深刻。你也可以和男友一起阅读这类书籍，以不同性别的视角理解书中人物的抉择。

在这个过程中，我们能从这些讲述爱情的书中学到些什么呢？这与每个人的成长经历、阅读能力和当下的心境息息相关。大多数时候，你会本能地认同当时最符合你情感与心理需要的内容，但我的建议是：少看具体的情节，多思考、多总结。比如我上文提到的《荆棘鸟》，我们除了要看到爱情对女性的影响，也要看到女性在整个过程中的进步。

在小说中，尽管三个主要的女性角色所经历的爱情道路并不相同，但整体来看，在她们身上不约而同地体现出了西方女性的爱情观。首先，她们都具有较强的自我意识，非常重视自身的感情，不甘心从属于男性，并追求建立在爱情基础上的婚姻。其次，西方女性更注重人格独立。书中主要的女性角色都有自己独立的思想和见解，并敢于对自己的人生作出选择。她们的这些品质都值得我们关注和学习。总体来说，由于文化传统等种种原因，东方女性更容易隐忍，也更容易被社会舆论和原生家庭绑架，从而丧失追求自我的勇气。很多女孩的爱情和婚姻可能会被父母左右，而更多人则屈从了社会上某些约定俗成的规则，为了所谓的现实生活，放弃了爱情。

虽然路遥的《平凡的世界》不是一部爱情小说，但是书中几位年轻人的爱情选择却很能体现东方女性的特点。比如郝红梅，她和孙少平都曾经历过贫穷，这让他们有了同病相怜的感觉，尽管两人互相爱慕，但在受到外界质疑时，心灵脆弱的郝红梅选择保全自己，远离孙少平。而顾养民出身较好，父母都是黄原地区有身份的人物，对郝红梅来说，他无疑是能改变自己命运的男人，于是她刻意制造机会，与顾养民在一起了。但因身份的差距，她并没有如愿嫁进理想的婆家。后来她经历了外嫁、丧夫，独自带着孩子艰难生活，遇到了善良的田润生，终于有了一个温馨美好的家庭。郝红梅对于爱情和婚姻的选择有自己清晰的诉求，也有明确的方向，为了自己心目中的理想生活，她放弃了爱情、尊严、自我，她的命运与感情看似身不由己，但其实全都是她自己的选择。

而书中的另一个女性人物田润叶则不同，润叶相信爱情，可惜也没有得到好的结局。她深爱着孙少安，但现实的差距让孙少安对这段情缘望而却步。被孙少安拒绝后，田润叶屈从于家人，嫁给了她并不爱的李向前。对润叶和孙少安之间的遗憾，路遥在原著中这样总结：

> 从古至今，人世间有多少这样的阴差阳错！这类生活悲剧的演出，不能简单地归结为一个人的命运，而常常是当时社会的各种矛盾所造成的。

现在的年轻人也许很难理解孙少安拒绝润叶后的痛苦，也不能理解润叶接受李向前的悲哀。但我们可以在书中看到，对那时的年轻人来说，有太多人或事影响着他们的选择，爱情也囿于其中，无法冲破重重屏障，因此，悲剧也就成了那个时期爱情的一种常态。

说了这么多，你可能会觉得我对爱情的看法很悲观，但我并不希望给你留下这种印象。我希望你能明白，只有了解爱情背后的种种不易，我们才能更好地拥抱爱情，才能更勇敢地选择爱情，因其不易，更加珍惜。

爱情这个话题十分重要，所以我还想向你介绍一本关于爱情的书——《霍乱时期的爱情》，这是哥伦比亚作家加西亚·马尔克斯的代表作之一。它的创作灵感来源于马尔克斯在报纸上看到的一则新闻。小说中的爱情故事跨越了半个世纪，呈现了爱情各种可能的形式，以及在复杂的社会环境下，爱情所要面对的考验和挑战，蕴含了作者对爱情和拉美文化的深刻理解和认识。这部作品充满诗意、浪漫和传奇色彩，通过对一个家族的历史的追述，揭示了拉美社会的复杂性和多元性，以及人类命运的不可预知性。马尔克斯还借由这个庞杂的家族故事探讨了时间、孤独、爱情、家族、历史和命运等主题，勾画了一个丰富多彩的爱情世界。

人们说，这本书写尽了爱情的所有可能，体现了人类情感的复杂性和多样性。在现实中，每个人的情感经历和感受都是独一无二的，所以爱情确实有着无限的可能。在小说中，男女主人公的爱情经历了种种考验和变故，但他们终其一生都在寻找彼此的存在，他们的爱情超越了时间和空间，让这本书的字里行间弥漫着一股强大的张力。

我强烈建议你把这本书与《一个陌生女人的来信》放在一起阅读，看看男性和女性在思慕一个人时有什么不同的表现，两种性别在对待情感的态度与表达方式上有多么大的差异，由此打开不同的视角，洞悉爱情的更多可能性。

你一定会发现，女性面对爱情往往会呈现一种乐于奉献的态度，这种奉献精神是一个广泛而又深刻的话题。从历史和文化的角度来看，女性一直被要求在两性关系中作出奉献和牺牲，这种行为常常被视为女性的美德。然而，这种观点本身就存在问题。

首先，过度强调这种奉献精神会导致女性在爱情关系中处于弱势，如果女性认为自己就应该为爱情付出一切，男性则不必承担同样的责任，那么双方的关系必然是不平等的；其次，这种奉献精神还会导致女性在爱情关系中失去自我和独立性，忽略自己的需求。在这种情况下，女性很难感到真正的幸福。

我不否认爱情中的奉献精神，但我否认盲目的、过度的、不平等的奉献，而有所保留、平等、相互尊重的奉献是值得推崇的。这种奉献在某种程度上还能让人获得幸福和满足。

漫步在时间的长河之中，我们渐渐发现，真正的爱情并不是瞬间的激情与冲动，而是经年累月的习惯与默契所铸就的安稳和幸福。那种相守的默契，或许来自彼此的容忍和理解，或许来自磕磕绊绊后的互相适应，最终携手走完一生，这样的关系成为大多数人的归宿。也许，在这个世界上，还有些默契是心有灵犀，无须赘言，彼此契合。这样的关系会让人处于松弛的状态，并心存感恩。

在需要以意志支撑人生的时候，倘若遇到另一个和自己灵魂相映的伴侣，能够毫无芥蒂、毫无猜忌地相处，互相了解、接纳和依靠，简直是一种奢侈。

因为爱情，我们得以在这个世界上找到归属，找到精神寄托之地。这让我们相信，真正的爱情是值得期待和坚守的。

即使在当今的数字时代，爱情仍然是人类最基本的需求之一。尽管数字技术在不断进步，并为人们提供了许多新的交流渠道，但我们依然渴望真正的人际关系，想要与他人建立深层的联系，我们的情感需求与过去相比依然没有太大的变化。我们需要情感支持，需要和他人分享我们的经历和感受，而爱情是满足这些需求的最佳途径。在数字时代由技术带来的种种沟通渠道中，真实的爱情关系更是一种弥补。

但是，在这种状态下，我们的生活节奏变得越来越快，我们总觉得自己没有足够的时间去寻觅和维系爱情。所以，我也想给你一些建议，帮你在数字时代成全自己的爱情。

给真实的人际关系留出空间。虽然数字技术所提供的交流渠道更加便捷，但我们仍然要珍惜真实的人际关系。我们要花更多时间与家人和朋友互动，在现实世界中建立起真正的联系。

放慢脚步。在数字时代，我们经常处于高压状态下，这让人无暇顾及爱情。我们要学会放慢脚步，给自己留出时间，享受生活，体验人生的美好时刻，这样才更容易觅得真正的爱情。

学会爱自己。在寻找爱情的过程中，我们要学会爱自己。当我们感到自信和快乐时，更容易吸引与我们相似的人，从而找到自己的爱情。

利用数字技术。数字技术能帮助我们找到和自己相似的人，还能让我们和对方更迅速地建立连接，利用这些技术提供的渠道，我们会有更大的概率遇到爱情。

是的，数字时代并不意味着爱情的终结，在这样的背景下，我们需要更加努力地寻找和维护爱情，用更便捷的方式发现更多爱情的可能，继而建立健康、长久的爱情关系。

如果你还没有开始一段恋爱，我希望你能带着好奇和憧憬，在阅读中感受多种多样的爱情故事，并在未来拥有一份属于自己的美好爱情。

祝好！

宸冰

延伸阅读

《荆棘鸟》[澳]考琳·麦卡洛　著
《一个陌生女人的来信》[奥]斯蒂芬·茨威格　著
《平凡的世界》路遥　著
《霍乱时期的爱情》[哥]加西亚·马尔克斯　著

○ XIII ○

/ 第 13 封信 /
幸福与婚姻

　　婚姻不是捆绑,不是束缚,是让爱情落地生花的土壤,是双向奔赴的两个人携手并肩前行的起点,来日路长,我们目标一致,共同成长。

亲爱的悠悠：

你好！

今天咱们聊聊幸福与婚姻。

婚姻无疑是一个重要的人生决定，不同的婚姻会带来不同的人生经历和情绪感受，婚姻中的幸福感是由许多因素共同作用的结果。

对女性来说，婚姻可以带来许多幸福的体验。首先，婚姻可以带来感情上的满足。女性是感性的生物，我们需要得到关心和爱护，婚姻可以满足这些需要。与伴侣分享生活中的喜怒哀乐，共同经历生活中的挑战和困难，会让女性感受到彼此之间的情感纽带，促生感情上的共鸣，让女性感到幸福。其次，婚姻可以给女性带来支持和安全感。在稳定的婚姻关系中，女性会得到家人陪伴和支持，消解心中的疲惫和忧虑，感到安心和幸福。

然而，婚姻也会给女性带来消极的感受。在不幸的婚姻中，女性可能会面临家庭暴力、精神虐待、感情背叛等问题，这些都会给女性的身心健康造成极大的伤害。而且，对某些女性来说，婚姻不一定是她们实现人生价值的最佳途径，她们可能更愿意选择独立自主的生活方式，追求自己的事业和梦想。

关于婚姻，最著名的一句话大概就是钱锺书先生在《围城》里面写的那句："婚姻是一座围城，城外的人想进去，城里的人想出来。"有人说这句话道尽了婚姻的本质，却又让人产生无限的遐想，忍不住将自己代入其中，几番思量之后依然不知该如何是好。

2022年，国家民政部公报称，自1986年以来，结婚人数首次低于800万对，结婚年龄也在推迟，结婚人群中有半数超过了30岁。这与过去人们渴望尽快结婚，先成家后立业再生个孩子的选择形成了鲜明对比。越来越多的年轻人选择独自生活，并不渴望婚姻。这在某种程度上颠覆了钱锺书老先生的那句话，变成了"城外的人不想进去，城里的人都想出来"。那么，作为人类文明传承最重要的制度保障——婚姻，如何变成了被新时代的年轻人放弃的生活方式呢？为什么现在的人们不再愿意将幸福寄托在婚姻生活里了？这究竟是进步还是悲哀呢？这个问题值得我们好好思考。

我想给你讲几个故事，也许不能道尽婚姻的种种细节，但我们至少可以从中看到婚姻意味着什么，以及到底该如何选择婚姻。

我们首先来看看列夫·托尔斯泰的著作《安娜·卡列尼娜》中的婚姻与爱情。书的第一章中第一句话是："幸福的家庭都是相似的，不幸的家庭各有各的不幸。"这句话为整本书定下了基调，也引发每一位读者思考什么是幸福与不幸。有趣的是，我曾经和一位心理医生讨论过这个话题，她告诉我，实际上，从临床医学的角度和案例来看，情况恰恰是相反的，即"幸福的家庭各有各的幸福，不幸的家庭却都是相似的"。也许是因为时代变了，我们现在的生活方式与以前有了很大的不同，每个人对婚姻和情感的认知、态度也发生了很大的变化。

婚姻曾被认为是人类必然的选择，如今却成了食之无味弃之可惜的鸡肋，而真正能够勇敢走进婚姻的人，通常来说，都是基于爱和某些共同的价值观。如果没有爱的驱动，那么家庭不幸的概率也会增大。而在日复一日的柴米油盐中，当人们被消耗了耐心与所剩不多的情感，当以往用来说服自己的现实条件成为日渐麻木沉重的借口，当因为缺乏爱的基础而在伴侣身上发现越来越多难以容忍的毛病，当你以为生活只能这样了然后认命地敷衍时，却突然与爱情相遇，这时，不幸就产生了。

让我们回到《安娜·卡列尼娜》的故事中来，主角安娜是一位年轻漂亮的上流社会女性，有一个成熟稳重的丈夫和一个可爱的儿子。她本可以幸福地度过一生，然而，却在火车站意外邂逅了一位年轻的军官伏伦斯基，平静的生活就此被打破。像无数坠入情网的女性一样，安娜意识到了这件事可能带给她的危险，于是决定逃避，书中写道：

　　她在最近几天中不止一次地对自己说，就是刚才她还在说，伏伦斯基对于她不过是无数的、到处可以遇见的、永远是同一模型的青年之一,她决不会让自己去想他的;但是,现在和他遇见的最初的一刹那,她就被一种喜悦的骄矜的感情所袭击。

她陷入紧张和矛盾之中,与每个爱上浪子的女孩一样,明明知道这样做不对,但就像是被蛊惑了一样飞蛾扑火。

其实,从心理学的角度来看,这并不是因为被爱慕的对象本身有多么优秀,而是因为这种感情是女性对现实生活的不满与压抑的直接投射。安娜在婚姻中渴望的是一种激情和浪漫炽热的感觉,但她在挑选结婚对象时却违背了自己的本性,选择了更加现实的社会地位与物质生活。日复一日的琐碎让她在死气沉沉的家庭生活里感到压抑,这种状态下的安娜外表平静但内心汹涌。她一直在压抑自我,一旦遇到合适的对象和时机,隐藏的情感就如同海平面下的火山,一发不可收拾地爆发了。当她发现伏伦斯基身上有她一直渴望的火热激情、放荡不羁,甚至任性莽撞时,她被彻底点燃了。尽管两人在一起后她确实享受到了一时的甜蜜、幸福和快乐,但他们这种以爱的名义违背道德伦理的行为是社会无法接受的,也给他们自身带来了严重的伤害。安娜成了不安于平淡生活、背叛家庭的反面典型,最终落得卧轨自杀、陈尸车站的结局。

毫无疑问,安娜·卡列尼娜在爱情和婚姻的道路上遭受了痛苦的折磨。她从家庭生活中出走,不仅有个人因素,而且与当时的社会背景有关。19世纪的俄罗斯是一个道德保守的社会，婚姻是家庭和社会的基石。这样的婚姻往往缺少自由和激情。在多方面因素的作用下，安娜作出了背叛家庭的决定。她的故事引发了人们对婚姻、家庭、爱情和自由的思考，直到今天，对我们都有很强的借鉴意义。

相较于安娜的冲动与激情，另一个陷入浪漫爱情的女人就理智得多，她就是著名电影《廊桥遗梦》中的女主人公弗朗西斯卡。

这部经典的爱情电影讲述了一段在短短4天内铸就的爱情佳话，虽然是婚外恋情，但至死不渝、刻骨铭心。片中的主角是一名普通的农妇，在生儿育女、侍奉丈夫和应对田间工作之余，她一直向往远方，渴望脱离现实的生活，看一看更广阔的世界。当带着一大堆现代摄影器材、见多识广又性感的"城里人"罗伯特来到农庄时，她所有的生命火花顿时被点燃了，罗伯特也深深地爱上了这个有着自己独特精神世界的女人。罗伯特与弗朗西斯卡从相逢、相恋到相别的过程，以及他们之间真挚的感情打动了所有的观众，也赢得了大家的理解和同情，但是，影片结束时，弗朗西斯卡没有跟随罗伯特离开，而是选择继续留在原地当一名农妇。她的选择出人意料又在情理之中，也激发了大家更深层次的思考，呈现了人生选择背后的人性考量。

和安娜的任性相比，弗朗西斯卡显然更加现实，也更有责任心。为了一个并不重视自己的家庭而放弃一段如此甜蜜又难得的感情，值得吗？为了孩子放弃此生都不可能再遇到的灵魂伴侣难道不痛苦吗？尤其是，他们二人之间不仅有火热的激情，更有历经沧桑后深深的懂得。可是，也正因为懂得，弗朗西斯卡才更明白，这个世界对女性一直都很现实、很残忍，她说："大家都不了解，女人决定结婚生子时，她的生命一方面开始了，另一方面却结束了。生活中开始充斥琐碎的事，你停下脚步，待在原地，好让你的孩子能够任意来去。他们离开后，你的生活就空了。你应该再度向前，但你已忘了如何迈步。因为长久以来，都没有人叫你动。你自己也忘了要动。"这段话生动地说明了以家庭生活为中心的女性的状态。可是当意外来临时，当你的生命被另一个生命点燃时，当你意识到自己还能变得如此美丽、生动、有趣而富于魅力时，你很难无动于衷。电影中的女主人公显然也受到了触动，义无反顾地开始了这场冒险，但她面临着矛盾和挣扎。

　　造化弄人，无论弗朗西斯卡作出什么样的抉择，都摆脱不了悲剧的基调。因为家人是她生命中无法割舍的一部分，这是她的生活，连刻骨铭心的真爱也不能让她放弃这一切。如果她真的和罗伯特远走高飞，那她此前所有的善良都显得很虚伪，因为这个选择将给她的丈夫和儿女带来深深的伤害。如果她依然有善良的心，那她也不可能对这个后果毫不在意，在对家人的思念中，这种内疚会让她陷入深深的自责，而这段新的感情也可能会在这种负罪感之下迅速变质。因此，这不仅考验女性自身处理问题的能力，也考验着这段新的关系。

　　带着这样的隐形包袱，带着可能的社会舆论与心理压力，无论她与罗伯特的结果如何，他们的这段感情都将落入俗套，成为一段普通至极的婚外恋，为社会道德所不齿，他们的爱也不值得被书写和铭记。因为真正的爱不是空中楼阁，不是只有四天的梦幻时光。在真实的生活中，爱最直接的表现往往是责任。妄想跳过现实生活的责任与担当，为一己私欲将痛苦加诸家人，这样的追求显然不会被认可，这样的爱只能是幼稚的幻想。

在影片中，弗朗西斯卡说出了很多与此有关的台词，她试图让男主人公和观众明白，她有多么爱对方，就有多么无奈和遗憾，她说："爱情的魔力虽然无法抗拒，若因为爱情而放弃责任，那么爱情的魔力就会消失，而爱情也会因此蒙上一层阴影。""我，我想，永远留着它。我想我下半辈子还是这么爱你。可是……可是要离开这个家，情况就变了。因为我不能把这个家破坏了，去建个新的。看来我只能把对你的这份感情，深深地埋在心里。你，你帮帮我……""求你别让我这么做，别让我放弃我的责任。我不能，不能因此而毕生为这件事所缠绕。如果现在我这样做了，这思想负担会使我变成另外一个人，不再是你所爱的那个女人。"每句话，每一个考量，都是一种折磨，这不仅是对女性情感的考验，更是对人性的考验。

也许你会问，真的有这么严重吗？难道家人离了我就不能好好生活了吗？难道我要为他们付出一切吗？有谁考虑过我的感受和痛苦呢？是的，每个生命都是独立的个体，没有人有权利把自己的幸福建立在别人的痛苦上，但是，有些责任是无论如何都要承担的，就算只是基于对孩子的责任，也容不得女人有太多的选择。

在影片结尾，弗朗西斯卡得知了罗伯特的死讯，并收到了他的项链和手镯，以及当年钉在桥头的纸条。她把它们放在木盒中，每年生日都会拿出来翻看一次。弗朗西斯卡临终前在遗嘱中要求子女将她的骨灰撒在罗斯曼桥畔，她的两个孩子被母亲的感情故事和对家庭的责任心触动，他们同情并理解自己的母亲，也开始重新审视自己的婚姻，放弃了草率离婚的打算。于社会伦理而言，这样的结局无疑是具有正面教育意义的，也符合绝大多数道德观念和社会共识。无论在东方还是西方，在维护家庭稳定方面，对女性都有非常严苛的要求，就连文学作品和影视艺术作品，最终也都要引导社会公众的正向认知，至于女性在其中的自我牺牲，也只能是每个人不同的理解与解读罢了。

杜拉斯的小说《情人》中有这样几句话：

> 这或许根本就是一个美丽的错误，在蓦然回首的刹那中，光影交错的瞬间，爱情就已悄然来临，然而这爱情到底是偶然间的邂逅，还是无数次刻意之后的相遇。爱本就不是一件简单的事。

可见，即便这种让人措手不及的爱情很美丽，但往往还是会被女性视作"一个错误"。当然，婚姻中除了因女性的情感需要而产生的问题之外，还有男性对感情和婚姻的不忠。对于这个话题，我要讲的也是两个女性截然相反的选择。

首先我要讲的是一位传奇女子——她就是一代大师徐悲鸿相濡以沫近20年的妻子蒋碧薇。蒋碧薇18岁时爱上了穷画家徐悲鸿，为此放弃了门当户对的婚姻，与尚未成名的徐悲鸿私奔到日本；当蒋碧薇步入而立之年时，事业有成的徐悲鸿竟移情别恋，面对徐悲鸿的出轨，蒋碧薇毫不迟疑地捍卫了自己的爱情；蒋碧薇46岁时，徐悲鸿第二次登报与她划清界限并且高调扬言要离婚，她气愤无比，将徐悲鸿告上法庭争取自身利益，索要钱财和画作。

纳兰性德曾有这样的词句："人生若只如初见，何事秋风悲画扇。等闲变却故人心，却道故人心易变。"是啊，人与人初次见面时那种美好的感觉是难以长久的，情人的心也很容易改变，蒋碧薇和徐悲鸿的感情同样如此。私奔时热烈美好的爱情，早已在生活的磨砺中消逝了。徐悲鸿爱上了女学生孙韵君，带她爬山，陪她赏月，给她取了一个新名字——孙多慈，并特意为孙韵君做了两枚镶有相思红豆的戒指，分别刻了"慈"和"悲"。讽刺的是，当年徐悲鸿追蒋碧薇时，也是差不多的套路。如此种种，让蒋碧薇心中的屈辱与悲愤彻底被点燃了，她开启了强势的"婚姻保卫战"。蒋碧薇先是一把火烧光了孙韵君送给徐悲鸿的，被他种在自家庭院里的一百株枫树苗，接着去了孙韵君的宿舍，警告对方离自己的丈夫远一点，还亲自写信给孙韵君的父母，希望他们管教好自己的女儿。而且，蒋碧薇还愤愤不平地写信给相关人士，试图阻止孙韵君出国，一心想着不能让孙韵君在国外和徐悲鸿继续纠缠，必须把他们拆开。蒋碧薇用尽手段，最终，孙韵君被父母劝说后离开了徐悲鸿，蒋碧薇悬着的心也落了地。为了安抚徐悲鸿的情绪，蒋碧薇带着他出国散心，并帮他实现了在国外办画展的心愿。

蒋碧薇的内心无疑是强大的，她捍卫了自己的婚姻，又顽强地站了起来，包容徐悲鸿的一切，但蒋碧薇没想到的是，徐悲鸿回国后对她更加冷漠，最后甚至和她分居。那一刻，蒋碧薇才意识到，原来自己爱了多年的男人，不曾对自己有丝毫的关心和爱护，所有的一切可能都是自己一厢情愿。在徐悲鸿的眼里，没有爱人，没有孩子，有的只是他自己、他的艺术，以及年轻的情人。对这样一个自私冷漠的男人，蒋碧薇说过非常硬气且极有原则的一段话："你知道我的性格，在一起的时候，我对你的作为实在不能忍受；分开了，我可以眼不见为净。我有两个孩子，我绝不放弃家庭，同时我也不会再嫁。假如有一天你跟别人断绝了，不论你什么时候回来，我随时都准备欢迎你，但是有一点我必须事先说明，万一别人死了，或是嫁人了，等你落空之后再想回家，那我可绝对不能接受。这是我的原则，而且永远不会改变。"时至今日，这段话依然掷地有声。

尽管蒋碧薇此后的人生也是"终究意难平"，但她对自己的人生进行了反思，她在回忆录中写道：

人生是悲痛的，但是悲痛给予我很多启示，使我受到了教训，得着了经验，认清了途径，增强了勇气，而没有被它所摧毁。

身为大家闺秀，她没有因顺从传统礼教而牺牲幸福，也没有因荣华富贵而忍受丈夫的背叛。她由始至终都忠于自己，爱就不顾一切，恨就酣畅淋漓。

面对爱人出轨，选择决绝应对是一种态度，当这种事情发生在自己身上时，你又会作出怎样的选择呢？

我再给你讲一个女性的故事吧，她的选择是原谅，而且是无怨无悔地接受，她就是被称为"上海最后的金枝玉叶"的郭婉莹。郭婉莹是名副其实的含着金钥匙出生的大小姐，人称"郭四小姐"。坐落于上海南京路步行街的永安百货就是她家的资产。郭婉莹出生在澳大利亚，六岁时随父亲定居上海，因为喜欢作家冰心（谢婉莹），她给自己取名为郭婉莹。虽然家境殷实，可父亲一点也不娇惯她，甚至带着她每天在花园劳动，就读的名校更是管理严格。南半球温暖的阳光让她热情开朗，良好的教育让她自信善良，这些都让郭婉莹在面对命运的坎坷时有丰沛的养分和坚实的力量。

在如花的年纪，她引来了无数的追求者，父亲便安排她与一名富家男子定下婚约。一次会面，未婚夫送给她一双新潮的丝袜，还打趣道:"这袜子真结实,穿一年都不坏。"郭婉莹听到这番话时便决定不能嫁给这样一个只关心丝袜结不结实的男人,更不能容忍这样无趣的生活,于是她让父亲解除了婚约。之后,郭婉莹独自一人去了北平,进入燕京大学学习心理学。正是在这里,她遇到了"真命天子"吴毓骧。他出身寒门,却风流幽默,郭婉莹顿时陷入热恋,之后更是不顾家人反对与他结婚。婚后,郭婉莹把日子经营得就像一部完美的电影。她拥有风流倜傥的丈夫、可爱听话的孩子,家中高朋满座。

这种生活你羡慕吗?向往吗?但生活最擅长的就是撕开温情的表象,就像美剧《绝望的主妇》一样,幸福表象之下涌动的暗流在某个普通的日子喷薄而出,一出现就将人置于无法呼吸的深潭中。

生性风流的吴毓骧喜欢上了一个年轻的寡妇,完全不顾风言风语与妻子的颜面,公然与寡妇同居。1943年,郭婉莹因难产住院,这个薄情寡义的男人依然和寡妇双宿双飞。这时候,对郭婉莹来说,也许生育孩子的痛都不那么明显了,心中的伤痛才是最难以忍受的。让我们设身处地地想一想,换成你我,会如何面对这种残忍的打击,会不会绝望到歇斯底里,会不会伤心到心如缟素,会不会怨恨到至死方休?可是,她是郭婉莹,是能浇花除草,受过严格教育的大家闺秀,是兼具中西教养的名媛,也是内外兼修、把日子过成模范的女人。于是,她给出了让人意料之外又在情理之中的回应。

生完孩子后,郭婉莹不急不躁,优雅地找到寡妇,然后平静地把丈夫带回了家。她就这么云淡风轻地完成了"史上最优雅的捉奸"，此后，她的优雅生活虽然仍在继续，但她开始把生活重心放到了自己的事业上。

1961年，吴毓骧离世，留给她的是14万的债务，郭婉莹的家庭经济一夜间跌至谷底。她和孩子蜗居在一个7平方米的亭子间，那里的屋顶是漏的，冬天一早醒来，她的脸上总是带着霜。后来郭婉莹回忆起当时的场景却说："晴天时，阳光会从破洞里照进来，好美。"

郭婉莹身上的淡然，让她做到了自尊自爱，绝不因为外界的欺辱而看轻自己，并坦然地面对各种苦难，始终保持优雅。郭婉莹从来不把自己遭受的苦难挂在嘴上，她认为，反复抱怨是非常不优雅的行为，她也不想得到别人的同情和怜悯。我想，这种刻在骨子里的优雅与高贵，才是郭婉莹最大的底气，也是她面对婚姻危机时选择原谅的原因。

面对婚姻的不忠，蒋碧薇选择不妥协，郭婉莹选择优雅原谅，你更喜欢谁的态度？如果是你，你会怎么做呢？

从上面两个例子来看，婚姻似乎不可能永远幸福。其实，想在婚姻中获得幸福，就需要注意可能会出现的一些挑战和困难。下面是我的一些小建议。

首先，婚姻的状态并非一成不变，需要双方不断维护，沟通、理解、尊重和信任是维持婚姻幸福的关键。当然，这并不意味着婚姻中就没有矛盾和摩擦，但是双方要学会以一种健康的方式解决问题，达成共识。千万不能等到小问题演变成大麻烦，才予以重视。

其次，双方要具备一定的独立性。婚姻关系中，对彼此的依赖和支持是必不可少的，但双方也需要保持一定的个人空间和独立性。这意味着每个人需要有自己的兴趣爱好、朋友圈子。也就是说，我们一定要给对方留出呼吸的余地，不要捆绑得太过紧密，要懂得距离产生美，就算朝夕相处，也要保留一部分神秘感，就算是老夫老妻，也不能任由自己以过于放松的姿态出现在对方面前。太过懈怠不是对爱的考验，而是对人性的考验。

最后，婚姻幸福还需要双方拥有共同的价值观，要具备共同的目标和规划，并在实践中互相支持和帮助。这有助于建立稳固和有益的联盟，从而增强婚姻的稳定性和幸福感。有目标的家庭会发展得更稳健、更长远，很多家庭悲剧恰恰是在衣食无忧的情况下出现的，这一方面是财富带来的消极影响，另一方面是双方丧失了凝聚力的自然结果。

所以，婚姻中的幸福状态并不是一成不变的，只有通过双方相互理解、支持和尊重，制定共同的目标，才能建立起稳定、和谐、幸福的婚姻关系。

当然，婚姻中重要的不只有感情，事实上，对更多人来说，还有如何平衡双方的价值和付出，如何更好地履行家庭责任等问题。关于这个话题，我会在后面的信中给你讲述我的看法。

最后，我想再和你分享一个关于爱情和婚姻的哲理小故事。

有一天，柏拉图问他的老师苏格拉底："什么是爱情？"

苏格拉底微笑着说："你去麦地里摘一株最大最好的麦穗回来，在这个过程中，只允许你摘一次，并且只能往前走，不能回头。"柏拉图按照苏格拉底的话做了，很久之后他才回来。

苏格拉底问他有没有摘到最好的麦穗。

柏拉图摇摇头说："一开始我觉得很容易，充满信心地去找了，最后却空手而归！"

苏格拉底继续问道："为什么呢？"

柏拉图叹了口气说："我看见一株不错的麦穗，却不知道是不是最好的，因为只可以摘一株，无奈只好放弃；于是，我再往前走，想看看有没有更好的，可是我越往前走，越发觉得后面的麦穗不如前面的好，所以我没有摘；当我走到麦地尽头时，才发觉原来最大最饱满的麦穗我早已错过了，只好空手而归！"

这时，苏格拉底意味深长地说："这就是爱情。"

后来，又有一天，柏拉图问苏格拉底："什么是婚姻？"苏格拉底让他到树林里砍下最好的一棵树。和之前一样，他只能砍一次，可以向前走，不能回头。于是柏拉图照着老师的话做了。这次，他带了一棵普通的树回来。老师问他："你怎么带回了这么普通的一棵树？"他回答："有了上一次的经验，当我走了半天还两手空空时，看到这棵树也不算太糟，便砍了下来，免得错过了后悔，最后什么也带不回来。"老师说："这就是婚姻。"

不久之后的一天，柏拉图又问苏格拉底："什么是幸福？"苏格拉底让他到花田里去摘一朵最美的花，只能摘一次，还是不能回头，于是柏拉图照着苏格拉底的话去做了。这一次，他带回了一朵美丽的花，苏格拉底又问了他原因。这一次，柏拉图说："我找到一朵很美的花，但是在继续走的过程中，我发现有更美的花，我没有动摇，也没有后悔，始终认为自己的花是最美的。事实证明，这朵花至少在我眼里是最美的。"苏格拉底又说："这就是幸福。"

人生正如穿越麦地、树林和花田，只能走一次，不能回头。要找到自己心中最好的麦穗、树和花，你必须有莫大的勇气和相当的付出。

我想，无论是爱情、婚姻，还是人生，都需要这样的勇气、付出和决心。

祝好！

宸冰

▶ 延伸阅读

《安娜·卡列尼娜》［俄］列夫·托尔斯泰　著
《廊桥遗梦》［美］罗伯特·詹姆斯·沃勒　著
《我与悲鸿：蒋碧薇回忆录》蒋碧薇　著
《上海的金枝玉叶》陈丹燕　著

/ 第 14 封信 /
幸福与自我价值

在每一个选择的节点,你是不是都能找到可以实现自我价值的最佳途径,而不是从他人的评价体系中寻找自己的价值?

亲爱的悠悠：

你好！

上一篇我给你讲述了爱情和婚姻可能的样子，有点担心你是否能理解我想表达的意思。无论是拥有势均力敌、双向奔赴的爱情，还是在婚姻中遭遇感情的不如意甚至背叛，这两件事看上去都充满了危险和痛苦，这会不会让你望而却步呢？但我不愿过多向你描述其中的美好与幸福。是的，我非常确定爱情与婚姻中有着让人难以抗拒的甜蜜幸福和温暖浪漫，只不过，就像每一朵迎风盛开的花儿一样，要经过辛苦的播种、浇水、施肥、精心培育，才能迎来怒放的芬芳，并且，再美的花儿也会凋谢。花儿的盛放和美丽就像幸福，本身足以证明它的价值，而我们现在要面对的是在那漫长的等待期中，应该如何安放我们的生命，如何悉心呵护，让它常开常新。

阿德勒说："一切烦恼都来自人际关系。"实际上，我们人生中大多数的烦恼与其说是来自某个具体事件，倒不如说是来自这个事件涉及的人际关系。原生家庭、成长环境、恋爱和婚姻、事业和友情都会影响我们的幸福，尤其是当我们进入一段亲密关系时，如何既保持自我，又兼顾关系，是一件非常考验人的事情。是不是鱼与熊掌不可兼得呢？从某种角度来看，是的，每个人的时间、精力与心思都是有限的，专注事业可能就很难承担更多的家庭责任。屠呦呦获得诺贝尔奖的背后，是数十年不曾照顾过家庭的缺憾，因为她是一个专注于研究的女科学家；张桂梅为华坪女校付出了一切，却不被家人理解，在把爱给了那些失学女童的同时，也遗憾地错失了亲情；某女明星曾是一线花旦，在成为国际武打巨星背后的女人、全心照顾家庭的同时，她也放弃了自己的事业；杨绛本是优秀的剧作家，但为了照顾钱锺书和家庭，直到93岁才开始出版发行自己的著作⋯⋯你以为这样的事情只发生在东方世界吗？不，国外也一样。曾获得布克奖和大英帝国女爵士勋章的英国作家A.S.拜厄特在她的小说中描述了这一现象：

  象牙塔里的思辨与诗意，在婚姻的巨塔里一文不值；
  昔日的机智雄辩被认为是喋喋不休；曾经的骄傲笃定，被
  当作轻浮愚蠢。

在拜厄特的作品中，主人公弗雷德丽卡是一位知识分子，也是一位家庭主妇。她曾有机会到剑桥大学任教，但她最终选择了家庭。面对琐碎的家务，她无法表达自己的内心感受。她觉得自己的个人

空间正在被一步步侵蚀，而这种状态在社会习俗中被视作理所当然。她曾试图利用业余时间去图书馆，却总是会被意外和琐事打断。她经常感到置身深渊，很难在日常生活中保持自我。我们可以感受到弗雷德丽卡在与自己的命运抗争。一个考上剑桥大学且成绩优秀的英国女性依然会面临自我与家庭角色的选择，依然无奈地屈从于社会的强大惯性，显然，这是全体女性所面临的共同困境。

看到这里，希望你不要因此而感到绝望沮丧，毕竟每个人的命运都掌握在自己手中。当下的时代显然已经发生了一些变化，虽然不足以彻底改变，但至少我们有了更多的可能性。所以，在这样的时刻，我们要做的是诚实地面对自己，尽最大可能不受外界干扰和控制，作出自己独立的决定，并且欣然接受每一个选择的结果。在我看来，世界的规则是公平的，失之东隅、收之桑榆，重要的是我们自己怎么看待。

事实上，女性会被社会定义的要求和形象所捆绑，这是一个有多重因素的现象，涉及文化、社会和历史等方面。从文化角度看，不同的文化和传统会对女性形象有不同的塑造方式和规范要求。比如，在很长一段时间内，无论是亚洲、中东国家还是西方国家，女性都被要求照顾家庭、生育后代，而不是在职场上取得成功，或者独立自主。从社会学角度来看，这种捆绑还涉及社会结构、分工制度和角色分配等方面的原因。在传统社会中，女性的地位相对较低，她们的角色被限制在家庭和私人领域，男性则主要担任了大部分公共领域的角色。此外，还有历史和政治因素。在历史上，女性长期被视为男性的附庸，她们的社会价值一直被低估。在政治领域，一些政治家和社会领袖也曾试图通过规范和塑造女性形象来控制和管理女性。

当我们面对女性的身份认同问题时，要学会从文化、社会、历史和政治等多个方面综合分析，并从更深的层次理解和反思这一现象，这不仅有助于我们认识到女性权利的重要性，进而推动社会的进步和发展，更与每个人的幸福息息相关。

前文中，我已经讲过了陈衡哲的故事，接下来，我将从自我价值这个角度再次和你分享她带给我的启示。

陈衡哲打破了当时社会对女性的诸多限制，获得了多个"第一人"的头衔，还写出了著作《西洋史》。胡适称这本书"是一部带有创作野心的著作"。

正如前文所说，陈衡哲能成为这样的传奇，当然有她的舅舅、姑母等贵人的启迪的功劳，但更重要的是，她对自我价值始终抱有清晰、笃定的认识。面对父亲的逼婚，陈衡哲选择独自流落在外；面对留学考试，陈衡哲选择孤注一掷。在这些抉择的背后，是她基于自我价值而生发的决断力和意志力。在个人感情中，陈衡哲面对和自己互相仰慕却有婚约在身的胡适，选择退出感情纷争，和愿意为她遮风挡雨的任鸿隽结为伴侣，最终又在事业巅峰选择急流勇退，归隐于家庭，也是因为她对自我价值进行了反思。在每一个选择的节点，她都找到了当时能实现自我价值的最佳途径，而不是从他人的评价体系中寻求自己的价值。

在我看来，一个人的价值评估既来自社会，也来自自己。很多时候，女性的自我认同和自我价值主要来自他人的评判，其实，只有我们才能让自己逐渐找到实现价值的方向，不再摇摆。那个保守顽固的时代，陈衡哲以自己的方式践行了一条实现女性自我价值的道路。她强大的内心和精神世界赋予了她淡定、从容，以及高度的自洽，这正是今天很多女性所缺失的东西。

事实上，对每一个人来说，自我价值都是非常重要的评价标准，你对自我价值的认同感甚至从某种程度上决定了你的幸福度。尤其是当我们面临与实现自我价值冲突的事情时，该如何选择呢？对现代女性来说，最艰难的事情依然是如何兼顾事业和家庭，尤其是有孩子之后，谁来照顾孩子、谁需要为家庭投入更多时间和精力等，都是需要逐一解决的问题。

我的讲读人、领读人培训班里有一批女学员，她们大都是全职妈妈。我好奇她们为什么来参加培训，以及处于怎样的生活状态。其中的一位跟我聊了聊她的人生。她的案例值得分享。

这位学员容貌姣好、普通话也很标准，上高中时就很喜欢播音主持，高考时想报考相关院校，但在那个时代，她的父母觉得播音主持不是正经职业，于是给她报了中文系。上了大学后，她还是很喜欢播音主持，于是申请转专业，并顺利通过了考试，但她的班主任觉得她在文学研究方面很有潜力，并且认为播音主持只是吃青春饭，没什么前途，所以不同意她转专业，于是她只能继续留在中文系学习。大学毕业后，她遵从家人的意见到一所学校任教，并且顺利交往了一个男朋友，几年后结了婚，过上了父母理想中的生活。婚后她生了两个孩子，又遵从丈夫的意愿，辞去工作全职照顾家庭和孩子，现在她的孩子一个10岁、一个5岁。她讲述这些经历时非常平静，仿佛在说别人的事情，我没有问她为什么会作出这样的选择，以及背后的心路历程，现在这些问题已经不再重要了，既然作出了选择，那就心平气和地接受吧。

当我问她为什么来参加这样的培训时，她的眼睛开始发光，她激动地说自己从小就爱看书，也喜欢陪孩子一起阅读，平时还会给周围的亲戚朋友们推荐好书，但这些事都只是凭自己的爱好做的。她听了我的课后，发现可以把阅读推广当作一份事业，将自己的心得体会传播给更多的人，甚至可以成为很多人眼中优雅知性的文化传播者，能通过自己的努力点燃更多人的阅读热情，帮助大家一起学习进步，找寻幸福，她感到非常激动和兴奋。她说她很喜欢我曾说过的一句话："做一个阅读推广者，首先自己要知行合一地践行阅读。"后来，她成了这个班最认真的学生之一，无论是按要求阅读指定书籍还是认真完成作业，她都克服一切困难高质量地完成了。

她以往仅凭爱好去阅读，现在则以更规范、专业的方式去梳理总结自己的阅读经验，并慢慢学习如何组织阅读活动，怎样更好地讲解一本书，以及面对公众和镜头时如何表达，等等。而且，随着学习的深入，她找回了年轻时的热情，找回了自信的自己，也找回了在社会意义层面的自我价值。在日复一日的学习和阅读中，她说连孩子都发现了她的变化，特别愿意跟着越来越从容的妈妈一起阅读。或许这就是最宝贵的自我价值。

　　作为全职妈妈，也许你放弃了高薪的工作和丰富的社交，放弃了看上去丰富多彩的个人生活，但是你一定也能收获些什么，如果你不能敏锐地认识到这一点，依然习惯性地视之为乏味的生活，没有利用好时间去做些更有意义的事情，那么你的放弃才真的可惜且没有价值。其实，女性在婚姻和家庭中作出牺牲和奉献，并不是一件多么难以理解的事情。只是，每一个作出了这个选择的女性都要意识到，即使做全职妈妈，依然可以在这个多元的社会上找到自我价值，通往幸福的路径并不只有一条，选择权就在你自己手里。

宸冰

▶ **延伸阅读**

《花园中的处女》《静物》《巴别塔》《吹口哨的女人》［英］A.S. 拜厄特　著
《一日西风吹雨点：陈衡哲传》王玉琴　著

/ 第15封信 /

幸福与年龄

年龄是来自岁月的馈赠。当你用超越时间的动态眼光去看待自己的生命,你会发现在任何一个阶段都能感受到美和幸福。

亲爱的悠悠：

你好！

给你写这封信的时候，我正在听水木年华的那首《一生有你》："等到老去那一天，你是否还在我身边，看那些誓言谎言，随往事慢慢飘散。多少人曾爱慕你年轻时的容颜，可知谁愿承受岁月无情的变迁，多少人曾在你生命中来了又还，可知一生有你我都陪在你身边。"

歌声缓缓流过，就像我们每个人的生命一样渐渐逝去。我们都无法摆脱时间的控制，美人迟暮、英雄白头，都是迟早的事情。"子在川上曰：逝者如斯夫。"任你高官厚禄、黄袍加身，任你倾国倾城、才高八斗，最终都会被时间打败。而我们的幸福也与年龄有着密切的关系，且不说处在不同的年龄会有不同的幸福追求，就连同一种幸福的感受也会因为年龄不同而有不一样的滋味。

在我看来，幸福与年龄的关系可以从很多层面解读，比如，不同年龄对幸福的需求，超越年龄限制的幸福，年龄与幸福之间有必然联系吗，等等，但归根结底，这是一个关乎时间的命题。而更有意思的是，我们一边觉得"出名要趁早"，一边也信奉大器晚成、厚积薄发。王勃少年成名，写出了不朽的《滕王阁序》，却英年早逝；姜子牙于古稀之年在水畔垂钓，一朝启用，叱咤风云，他们谁更有成就感？《伤仲永》中所写的拔苗助长成了反面教材，苏洵大器晚成，被写进《三字经》，他们谁更有价值？萧红燃烧生命，29 岁时写出《呼兰河传》，杨绛 90 多岁时出版了著作《我们仨》，她们谁更幸福？

当你学会用更加宏观的视角来看待世界与我们的生活，当你学会不再单纯以年龄和时间作为评价标准时，也许才有可能开启幸福的生活。而如何让自己拥有强大的心理，去建立对年龄的认知和评判幸福的标准，才是我们一生都要面对的课题。

鲁迅先生说："时间就像海绵里的水，只要愿意挤，总还是有的。"要想突破一般意义上对年龄的固有认知，我们要做的不是控制时间，而是规划时间。时间很公平，也很不公平，对有些人来说，年龄本身就是一种规矩，而对一个内心充满自由的人来说，年龄从来不是一个问题。

要想获得幸福，首先我们要对自己的人生有一个基本的判断与规划。这不是让你一定要按部就班地读书、求职、恋爱、结婚、怀孕、照顾孩子，然后身心俱疲地步入中年，也不是让你因为来自父母和社会的压力而选择你并不喜欢的生活，而是让你在力所能及的时候建立起对自己的认识和对未来的基本判断。我采访过的很多作家都曾提到青年时期的规划和选择对他们人生的影响。感性地说，这种规划是你的理想或者梦想，而从理性的角度看，每个人的成长规划都或多或少地参照了身边人的状态。

《成为波伏瓦》这本书，记录了波伏瓦如何通过大量的阅读建立起自己的精神世界和初步的哲学观。而波伏瓦对母亲和姐妹等女性生活的观察，让她对当时社会中女性的生存状态进行了深刻的反思。经过综合评估和判断，她果断选择了一条看上去很艰难，但未来会让她获得自由的道路，那就是通过难度极高的哲学教师资格考试，成为一个不需要靠婚姻养活自己的女人。她的这个选择遭到了父母的反对，而且在那个时代，法国哲学教师资格考试是一项竞争极其激烈的国家级考试，通过的女性为数寥寥，波伏瓦发誓要成为通过这个考试的女性先驱者之一，她做到了，而这也成为她人生的重要转折点。

1929年1月，波伏瓦成为法国历史上第一个在男子学校教授哲学课的女教师。这一经历不仅引导她走上了自己的哲学研究道路，而且也让她遇见了萨特，开始了那段广为人知的情感经历。而彼时和波伏瓦极为要好、家境优越且成绩也很好的扎扎正处在与男友的恋情不被家人接受的痛苦中，一方面男友的态度暧昧不明，另一方面母亲给她安排了相亲，不断给她施加压力，尽管她也接受了高等教育，在思想方面甚至能与波伏瓦交流对话，但是却没能挺身反抗家庭的压力。后来，在极度的压抑与痛苦之下，扎扎病倒了，年纪轻轻就香消玉殒。波伏瓦对此极为悲痛，甚至感到绝望。在波伏瓦看来，扎扎进入了一个怪圈，她把自己的苦难神圣化，却没有勇敢地面对"礼教"这一真正的始作俑者。一直以来，无数女性都因为礼教的束缚而丧失了幸福，甚至失去了宝贵的生命。不得不说，这是女性的悲哀，也是年轻人面对世界时的第一次失控。同样是年轻饱满的生命，都是有着一定学识的聪慧女子，却在命运的路口因不同的选择而交出了两张迥异的答卷，一张在未来将写满生命的精彩故事，而一张却是充满了戛然而止的遗憾。

如果说，人在年轻时的选择可能会决定我们的一生，那么，很多人在错过重要的选择后，也只能无奈地接受人到中年的落寞。尤其是女性，有了婚姻、家庭、孩子后，很多人就此过上了没有自我的生活。年龄对她们来说只是孩子每年的升级考试，爱人稳步增长的工资，日复一日的柴米油盐。这样的生活也没有什么不好，安宁平静也是一种幸福，只是，时间的流逝与年龄的变化，于这些女性而言仿佛只是日升月落时的背景幕布，直到有一天，她可能会突然发现幕布褪色了、变黄了、起皱了，映衬着幕布前的其他人的鲜活。悲哀吗？遗憾吗？难过吗？也许直到那一刻，你才能真正理解"时间对每个人都是公平的"这句话。

人的一生无疑是一个自然生长和衰老的过程，每个不同的阶段都会有属于那个阶段的幸福，这是人类的自然属性和生物属性，从这个角度来讲，我们很难回避一些基本问题。对女性来说，无论是来月经，还是结婚生育，以及更年期问题，都是无法逃避的生理现象。在中国医学名著《黄帝内经》里，女性的生命以7年为单位被定义出了几个人生节点，从"一七"到"七七"，由发育到鼎盛，再到逐渐衰老，女性的各项生理机能也都在不断发生变化。按照这样的生理轨迹，我们的一切都逃不过自然规律的框定。尽管这听起来有一种莫名的伤感，但同时也让我们能从更加客观的角度规划自己的人生，至少要在保证身体健康的基础上尽可能地享受每个阶段的美好，而不是疲于奔命，辛苦地完成每个年龄段的任务。而且，这种规律并不是一种束缚，它应该成为让我们自由的工具，帮助我们游刃有余地调整和面对生命中的每一个过程。

其实，大多数人的烦恼与痛苦就是因为没有学会接受。人一旦不接受，就会从负面看待变化，沉浸在失去的懊恼中，忽略眼前真实的每一天与正在流逝的时光。这样会得不偿失，既错失了过去，也耽误了现在，更会影响未来。所以，我们要在接受的维度上调整自己的预期，实现这种接受，不仅要提升认知，在不同的年龄段获得与之相匹配的幸福，而且要在这些基础之上大胆地超越，要深刻认识到，我们不仅要尊重生命机体的发育和生长状态，认真对待自己的身体与健康，有意识地规划自己不同阶段的生活方式与人生状态，也要处理好我们在不同时间段的自我认同感。

年龄，是时间赋予我们的最残酷也最诗意的礼物，残酷的一面是很多人既无法在有限的时间里获得幸福，也无法用超越时间的动态眼光去看待自己的生命，诗意的一面是任何人在任何时候都有可能感受到不同的美与幸福。那么，我们无法左右时间，是不是就意味着不幸福？你又能否从整体的生命维度上重新规划自己的人生？这既是个现实问题，也是个哲学命题，因为时间不是静止的，它的流动恰恰代表着此刻的悲伤与下一刻的幸福是可能同时存在的，也代表着永不放弃追求才有可能幸福。

1958年，一边潜心于工作一边辅助钱锺书写作的杨绛，来到了农村。当时的她已经47岁，却要面对这个年纪很难接受的变化，但她迅速接受了这个结果并很快融入当地。更令人佩服的是，在此期间，杨绛利用零碎时间自学了西班牙语，并开始着手翻译西班牙文学名著《堂吉诃德》。从她当时的处境和年龄来看，这显然不是一个简单的任务。我想，很多年轻人可能都没有勇气进行这样的挑战。面对过半的人生和茫然的未来，没有自由的生活，杨绛作出的决定既是对当下处境不动声色的反击，更是对生命意义的最好诠释。就这样，译稿在一个个不眠之夜与劳动的间歇里一点点诞生了。

20年后，即1978年，杨绛呕心沥血的译作《堂吉诃德》得以出版面世。这部72万字的译作是由西班牙语直译为中文的第一个版本，首印的十万册图书在短时间内被一抢而空。《堂吉诃德》出版两个月后，当时的西班牙国王和王后来华访问，杨绛应邀参加国宴，她翻译的《堂吉诃德》也被赠予西班牙国王和王后。1986年，西班牙国王给75岁的杨绛颁发了一枚"智慧国王阿方索十世十字勋章"，以表彰她的杰出贡献。

面对逆境，杨绛用超出常人的意志和智慧，为自己的人生增添了色彩。90多岁时，她写出了《我们仨》，几年后，她写出了《走在人生边上》，还整理出版了卷帙浩繁的《钱锺书手稿集》。年龄对人的束缚，都被杨绛一一破除了，她仿佛一直生活在自己的世界里。无论是对婚姻和家庭无怨无悔的付出，还是满怀悲痛、任劳任怨地陪伴爱人与女儿走完人生的最后一程，她的经历都给我们带来莫大的启示和激励。如果你去读一读《杨绛传》，我相信你一定能从中获得巨大的能量。她是真正的时代偶像。

如果说超越年龄意味着我们要拥有独立思考的能力，那我们从青年时期就应该开始建立这样的意识，才有可能获得岁月的馈赠。

现在的我，很感谢当年那个一度非常自卑的自己。当时我留着齐耳短发，因深度近视而戴着沉重的黑框眼镜，整个人看起来有点土。而无论是在文学作品里，还是在世俗眼光下，17岁的少女似乎都应该是长发飘飘、明眸皓齿的，一举一动都带着灵气，会被青涩的爱慕眼光所追随，而不是我这种笨笨的书呆子形象。虽然我也读了一些讲述少男少女故事的作品，多少会有一些憧憬和羡慕，但阅读了各种文学名著后，更大的文学世界向我打开，更宏大的生命内涵扑面而来。那时候我就朦胧地察觉到，我不仅属于眼前的这个小世界，而且属于一个更大的精神世界。我不会永葆青春，我的未来会超越此刻的时空，身边的一切都会成为过去，而我所读到的每一本书都会伴我一生。

这也让我很长一段时间都仿佛生活在书里，对身边的事物和人际关系都非常疏离。有意思的是，这反而让我有了很多交心的朋友。在她们看来，我简单真诚且可靠，这种友谊很难得。敏感而热衷于思考，让我的内心比同龄人早熟，这样的状态也伴随了我的整个人生。

绝大多数女性会被要求或安排在什么样的年龄做什么样的事。这种要求的背后是几千年的文化传统，是女性身份和社会属性的约定俗成。大多数女性自小就生活在这样的语境中，想跳出这种思维惯性是非常难的，极少数摆脱了这种束缚的女性是因为她们有了见识，而真正的见识来自不断的阅读。

我记得在采访《浪潮之巅》的作者吴军博士时，我曾经问过他对自己女儿的教育方式。他为两个女儿写了一本书，深刻地影响了很多父母，这本书就是《大学之路》。在书中，吴军博士记录了自己的育儿过程。他在孩子还很小的时候就想尽各种办法增长她们的见识，除了引导她们阅读，还会带她们去世界各地的大学参观，当然也少不了游览当地的自然和人文景观。他并没有因为当时孩子还小、并不能全然理解这些而放弃努力，因为他相信，对孩子来说，那些留在脑海中的印象总会在某个时刻迸发出闪亮的火花，进而影响孩子的一生。

我也非常支持父母在孩子小的时候就带他们感受世界。人类大脑对记忆的储存有着非常奇妙的功能，那些来自本能的视觉、听觉、嗅觉、味觉和触觉感受甚至能伴随我们一生。所以，不要以为孩子什么都不懂，那可能只是成年人的固化思维。在文字和语言诞生之前，我们的祖先就是靠着敏锐的五感来认识和辨别世界的，并由此总结出了生活的经验。为什么我们会认为理性思维才是认识这个世界的唯一方式呢？你看，年龄有时反而会成为一种优势，而年幼时的经历才能成为我们人生路途中永远追寻的风景，也成为我们不断前进的路标和方向。

后来，吴军博士的两个女儿都选择了自己心仪的高校。她们从青少年时期开始就为了自己的目标而努力，而且她们从一开始就知道，这是自己的选择，而不是父母强加于她们的梦想，也不是别人的期待，这也让她们有了更强的动力。反观我们周围，很多小孩都是在高考前后才开始思考自己想去哪所大学、学什么专业，而这样的选择通常会被父母和他人的意见所影响，甚至他们自己也未必会很重视。殊不知，命运在这时已经画好了一条轨迹，之后再想修改，会难上加难。也就是说，在十八九岁的年纪，你无意识中的放弃和轻视，其实已经注定了人生第一次重大转折的结局。而此后的幸福，很可能会在此基础上有所变化。

我想，如果有机会重来，很多人可能会有不同的选择。所以，无论处在什么年龄，学会从更加宏观的角度思考是很重要的。女性的感性思维和跳跃式思维是一种优势，它能让我们更善于感知事物并快速变通，但这也会让我们更习惯于看眼前、看细节、看当下。事实上，如果没有大的方向和规划，只聚焦眼前，不仅会错失更多机会，也会让你陷入被动的状态中。

在这里，我想再次提到阅读的重要性。在我看来，正是阅读让我很早就有了年龄与时间的概念，同时，我笨拙但坚定地作出了人生的初步规划。比如我的职业选择和婚姻选择。这看上去是不是有点奇怪？难道我不是一个职业女性吗？我不是在鼓励大家别陷入被年龄所定义的生活吗？我不是希望女性勇敢地追求自我吗？但是，谁说早一点结婚生子就不是一种追求呢？谁规定生了孩子就不能在职场上有所作为呢？谁规定结了婚就不能选择更广阔的天地呢？你看，我在所有的信中都反复提到一个重点，那就是幸福没有定义，幸福也没有标准答案，每个人的幸福都要靠自己去感知、判断和创造。我的幸福和你的不一样，你的幸福和他人的也不一样，我们的幸福可以像花一样各自精彩。

15岁的我为自己选择了职业道路，并且用实际行动和决心说服了父母，顺利考上了幼儿师范学校，因为我喜欢小孩子，喜欢和他们待在一起。在当时的我看来，除了书里的世界，最美好的就是孩子的世界，我想从事与小孩相关的工作。尽管我知道自己有能力上高中、考大学，但我已经明确了自己的目标，那为什么不直接奔着这个目标去努力呢？也许未来我会有别的想法和选择，但当时我一定要从自己最想做的事情出发。

22岁时我选择结婚，23岁时选择生了孩子。因为种种原因，我小时候一直跟着爷爷奶奶生活，上学后才回到父母家中，我们那个年代很多小孩子都是这样长大的。因此，我对父母始终有些疏离，同时又很渴望家庭的温暖。读了很多书后，我才知道，这样的心理缺失是很难弥补的，所幸我并没有被这些情绪困扰，而是找到了自己的解决方案，那就是建立一个属于自己的家，拥有一个自己说了算的房间，这里可以包裹我所有的喜怒哀乐，可以让我安全地释放自己。尽管当时的我只有22岁，但是我已经非常清楚自己要的是什么。我不在乎结婚对象的身高、长相、家庭背景和经济条件，我想要的是一个能够与我进行精神交流的人，一个能包容我胡思乱想的人，一个能接受我每天的读书时间会超过家务时间的人，一个能让我感到安全的人。幸运的是，我找到了这样一个非常懂我的人，直到现在我也很感谢他在那个时候让我实现了自己的规划。

我顺利地结婚，很快又欣喜地迎来了一个新生命，我们的三口之家忙乱而温馨。彼时，我的童年阴影和心理问题得到了实实在在的治愈，我开始理解、原谅父母，开始学着与他们和解，与自己和解，也学着体会那种为人父母的心情，当然也收获了属于自己的幸福。

现在，当我回头看这些年走过的路，并把这些故事讲给你听的时候，依然无比庆幸自己作出了这样的选择，这里面当然也会有遗憾和错失，但那又怎么样呢？我们谁都不可能未卜先知地预料到自己走的每一步，成功也好，失败也罢，我诚实地按照自己的意愿走到了今天，这不就是一种最大的幸福吗？这是自由的幸福！

50岁时，我选择用一场热热闹闹的聚会为自己庆生。原以为那会是一个有些伤感的时刻，毕竟在传统的社会语境里，这意味着我已经老了，但当天其实没有一点感伤、遗憾以及其他的负面情绪，我并不觉得自己的心理年龄和生理年龄已经很大了。

在生日聚会上，我和相识多年的朋友们一起唱歌跳舞、推杯换盏。欢乐之际，朋友举着酒杯说："认识多年了，宸冰永远有一种少女感。"这句话赢得了在场所有人的赞同。我很感谢朋友的鼓励，但我知道，这并不是一句恭维的话，少女也好，知天命也罢，我从来没有被年龄束缚过，只是坚定地作出自己的选择，忠诚于自己。

亲爱的悠悠，写到这里，我觉得十分感慨。我们的生命其实有无数种可能，不管是职业选择、情感选择还是生活方式的选择，其实首先都取决于我们的内心，是我们的人生观、价值观和世界观所决定的。那些根植于我们内心、主导我们作出选择的，往往是来自不同时期的许多个微小的瞬间，这些瞬间最终会一点一滴地汇成生命长河。我们要做的就是努力看清每一滴水在何时汇入这条奔流，以及这些瞬间成就了什么，并努力感受生命之河流经的每一片土地和山川，努力奔涌向前，带动起水花，伴随阳光的闪耀，每一段旅程都是鲜亮且灵动的，直至汇入大海，那些独属于你的回忆与经历才真正定义了你的年龄，成就了你的价值。

最后，我来聊一聊年龄带来的其他影响吧。尽管男性同样会面临衰老的问题，可无论是东西方文化，还是大众普遍认知，男人的年龄更像是宝藏，越老、越成熟就越有价值，无论是思想还是能力，都会随着时间而提升，而女性价值很大程度上取决于身体，比如容颜和身材。此外，男性对年轻女性的追求更像是一道永恒的魔咒，无论你是否心甘情愿，就算你自己活得精彩，也很难不会被这道魔咒裹挟。冻龄、童颜、不老是很多女性所追求的标签，美容整形、医疗手段、减肥塑形也是很多女性关注的热点。我必须承认，尽管我一直无惧年龄，但我也会努力保养，这并不是为了取悦谁，而是希望自己能够活得体面、美丽、精致，我不会用极端的方式延缓衰老，但我会科学地护肤、养生；我不会盲目地追求减肥，但我会坚持健身、锻炼，保持身材；我不会在意身体的衰老，但我会让思想与意识始终活跃，永远对一切事物保持好奇心和热情，我想这样的状态才是无论何时都能幸福的秘诀。

人类存在的初始时期是没有时间概念的，经过慢慢的演化，从计算天黑、天亮，到圭表、日晷，再到钟表，时间逐渐成了一种记录方式，只有变化是一直存在的。只要理解了这种变化的规律和本质，我们就能超越来自外界的定义，获得独属于自己的幸福。

有一位科学家曾前往神秘的阿莫达瓦部落考察，这个部落聚居在巴西的亚马孙雨林深处，他们没有手表和日历，只能区分白天和黑夜、雨季和旱季。这个部落的人也没有年龄概念，他们根据童年到成年的生长阶段变换自己的名字。相关的研究人员表示：这一发现首次证明，时间并不是植根于人脑中的固有概念；同时也再次证明，我们可以模糊掉年龄的注脚，超越时间，创造属于自己的幸福。

祝时光赋予你越来越幸福的能力！

宸冰

▲ 延伸阅读

《成为波伏瓦》［英］凯特·柯克帕特里克　著
《杨绛传》罗银胜　著
《大学之路》吴军　著

/ 第 16 封信 /
幸福与爱好

这个世界有太多值得我们热爱的事物，拥有爱好，内心丰盈，再普通的日子也能过出妙趣横生、锦上添花的诗意。

亲爱的悠悠：

你好！

今天让我们把目光投向自己。女性的幸福显然不全来自亲密关系，在我看来，更重要的亲密关系是我们与自己的关系。只有确定了我们内心世界的样子，才有可能获得幸福。

也许我们小时候都有过憧憬，幻想自己将来会成为什么样的人，会拥有怎样的生活，但很少有人真的能如愿。所以，当我们的生活陷入日复一日的平淡中，很容易就被消耗了热情与乐趣，仿佛只剩下琐碎的日常，按部就班的时间表和一成不变的状态，在让人在平静的同时也会变得疲惫麻木，当然也就谈不上幸福感了。

我身边有很多朋友，通过多年的奋斗，事业一帆风顺，家庭关系稳定，孩子也长大了，自己却突然陷入了一种很强烈的危机感中，做什么都提不起精神，对什么事都没有兴趣，注意力总放在别人身上，每天盯着爱人和孩子，或者沉迷于网络和购物。但这些还是不能让她们快乐起来，更有甚者，因为精神和心理状态不佳，引发了身体疾病，家人不甚理解，反而认为这都是她们"作"出来的病。其中一位朋友曾感慨："想当年，我也是满怀梦想的年轻人，也曾写诗、画画、弹吉他，现在却成了自己都看不起的'黄脸婆'。"我问她为什么现在不做这些事了，她吃惊地看着我，说："我都多大岁数了，这哪是我该干的事啊，再说了，每天忙忙碌碌地过日子，哪有这份心思啊。"

可是，什么年龄该干什么事，这到底是谁规定的呢？与其说这是社会环境给人的束缚，不如说，这是你的内心在给自己设限。对物质极其丰富的现代人来说，能不能获得长久恒定而又真实的幸福感，首先取决于自己要作何种选择，即我们能不能学会享受精神的充实和快乐，能不能找到给予我们希望、成就感与热情的生活方式。若不能，我们就很难抵御生活中的无聊、空虚、孤独，也很难找到生命的意义，并获得生活的勇气、信心、希望与能量。

在我看来，想解决这个问题，一定要培养一两个能够投身其中的兴趣爱好。

民国女神林徽因曾回忆自己从事建筑行业的原因。1920年，林徽因被父亲林长民带出国外。期间，父女二人游历了欧洲众多历史文化名城。异国他乡的自然风景、民风民俗极大地拓宽了林徽因的视野，欧洲文艺复兴时期的建筑更是深深地吸引着她。正是这次欧洲之旅，让林徽因产生了投身建筑学的想法。因为这份热爱，她留在异国学习建筑，可是父亲突然逝世，让林徽因几乎崩溃，她接受了梁启超的援助继续完成学业，并成为梁思成的未婚妻。起初，两人的婚姻谈不上多幸福，性格脾气也并不合拍，但有一点成了两人沟通的最佳桥梁，那就是对建筑学的爱好和追求。林徽因少女时代对西方古典建筑的喜爱与向往，成了她一生追求的目标。梁思成学习建筑，起初只是因为对林徽因的爱，但之后他在建筑学上的造诣以及所取得的成就，已完全超出了"爱屋及乌"的范畴。后来，他们选择回归中国传统文化，相依为命、相互扶持，找寻那些在战乱岁月中岌岌可危的古建筑。这时候，两人对中国建筑所生出的民族自豪感与责任感，才是让他们的婚姻得到升华的原点。

这样的例子比比皆是。虽然不是每个人都能把爱好变成事业，但有自己的爱好，对女性来说无疑是幸福的。

我是一个爱好很广泛的人，我对很多事都充满了兴趣，什么都想尝试。读书、喝茶、喝咖啡、玩香道、打香篆、瑜伽、跳舞、书法、插花、唱歌、唱戏，还有品酒和收集杯子，都是我的爱好，除此之外，我还有很多临时起意的兴趣。

拿喝茶来说，我有各种各样的茶具和茶叶，一年四季，我会用不同的器具冲泡不同的茶。有时候，忙碌了一天后回到家中，我会用红泥西施壶泡上一壶凤凰单丛茶，顿时满屋清香，让人精神振奋。在泡茶品茶的过程中，所有的烦恼和疲惫都会随之消散。或者，在阳光明媚的下午，我会用欧式骨瓷泡一壶英式红茶，翻翻书、听听音乐，十分惬意。在这个过程中，我也收获了一份舒展与解放。我鼓励女性学品茶，不仅是因为茶能在快节奏的时代让我们有机会细细回味一种感觉，回归内心的平静与安然，更重要的是，茶是一种富有哲学意味的饮品。

台湾女作家简媜在《下午茶》一书中写道：

> 我翻阅《茶经》，想象陆羽的面貌，到底什么样的感动让他写下中国第一本有系统地介绍茶艺的书？因为喜欢喝茶？还是在品茗之中体会茶汁缓缓沿喉而下，与血肉之躯融合之后的那股甘醇？饮茶需要布局，但饮后的回甘，却又破格，多么像人生。同一个杯、同一种茶、同一式泡法，饮在不同的喉里，冷暖浓淡自知，完全是心证功夫。有人喝茶是在喝一套精致而考究的手艺；有人握杯闻香，交递清浊之气；有人见杯即干，不事进德修业专爱消化排泄；有人随兴，水是好水、壶是好壶、茶是好茶。大化浪浪，半睡半醒，茶之一字，诸子百家都可以注解。我终究不似陆羽的喝法。我化成众生的喉咙，喝茶。

多美好的文字啊，爱喝茶的人似乎都会对喝茶这件事赋予唯美的意境，却也能让它变成一件朴素的生活小事。如果只能有一个爱好，那我一定推荐喝茶。在任何时候，它都可能成就一种有仪式感的生活，给我们带来幸福的感觉。

我在前文中讲过郭婉莹的故事。她含着金钥匙出生，锦衣玉食，应有尽有，活得像电影里的人。她也喜欢喝茶，她早上会在精心布置后的桌子上用高级的骨瓷茶具喝茶，午后会在草坪上喝下午茶，晚上还会泡一壶浓浓的铁观音。后来，时代变迁，所有的荣华富贵一夜间随风而逝，她经历了一系列的磨难，变得一贫如洗。但这些磨难并没有让她心怀怨恨，她依旧美丽、优雅、乐观，始终保持着自尊和骄傲。她从未在现实面前低头，即便生活困苦，她也要活出一派诗意，她用饭盒蒸出圣彼得堡风味的蛋糕，用铁丝烤出香脆可口的面包片，用搪瓷缸子喝下午茶。朋友问她："都这样了，你怎么还那么讲究？"她淡定地回答道："因为这才是人的样子。"读到这一段时，我深深地被打动了，她喝那一杯茶，不仅是在品味茶叶的清香，更是在享受一份难得的轻松。这份坚持，不仅是在坚持自己的爱好，更是在坚持和确认独属于自己的骄傲和尊严，在那个瞬间，尽管周遭还存在无数痛苦，但她却用如此简单的方式获得了幸福。

除了喝茶，我还有一个爱好——书法。喝茶是一个很容易培养的爱好，而书法就难得多，你要有充分的决心和毅力，要有充裕的时间，还要有一位好老师。幸运的是，我在 2017 年遇到了陈文明先生，在他的鼓励和教导下，我开始练习书法。每天花一个小时，从磨墨开始，看着一点点晕染出的墨汁，翻着字帖，熟悉每一种风格与笔势，我渐渐知道了什么是"五体"，什么是结字与布局，我熟悉了篆隶行楷，掌握了基本的线条。那段时间，我比任何时候都沉静安宁，在写字的时候，我的大脑完全放空，沉浸在笔端指尖，竟然获得了难能可贵的休息时间，还治好了因为过度用脑而产生的神经衰弱。

陈文明老师说："每个人的性格都会对应一种字体，找到了适合自己的表达方式，写字的过程就是在释放。"我很喜欢这种说法和感觉。我并不奢望成为一个书法家，但是，我觉得这种充满禅意的表达打通了我们与中华民族深厚底蕴的连接，并赋予了书写者一种特殊的气质和生命色彩。如果可能，我希望你也试一试。

当然，对我影响最深远的爱好还是阅读。提到阅读，我想起了一本小书《秋园》，它引发了很多读者的关注和共鸣。

书的作者是一位名叫杨本芬的普通老奶奶，她60多岁时，坐着小板凳，在自家局促的小厨房里写出了"秋园"的故事。这个故事关乎一个家庭和一个女人的一生，以及许多普通人所经历的生死离别。在此之前，杨本芬从未做过任何与文字相关的工作，她的人生经历和许多同龄人一样，充满琐碎、无奈甚至痛苦。但是这个幼年丧父，贫困交加，从湖南逃命到江西南昌的女子，一直有个梦想，那就是读书。即便是在需要挣扎求生存的境况下，杨本芬也想尽办法读书。她的三个孩子在这样的氛围里长大，后来都考上了大学。对她们的小家来说，再贫困的日子里，都可以说一句："但是，还有书籍。"那个时代文化贫瘠，而他们却是一个即便借钱也要去看一场电影的家庭，她是一个为了能读到一本心仪的书可以不辞辛苦地帮别人绣鞋垫、卖废品的女性。杨本芬还会把读完的书讲给孩子和周围的邻居们听，看了什么就讲什么，这些过往不仅留在了儿女们的记忆中，更形成了一种爱好的传承。在已经成为作家的女儿章红看来，母亲杨本芬不仅是个文学爱好者，更是一个为她提供精神给养的传道者。

60岁的杨本芬从来没有想过要写书，她只是热爱文学，喜欢阅读，但是当她读到一些作家描写母亲的文章时，突然意识到自己也该写一写，她这样写道：

> 如果没人记下一些事情，妈妈在这个世界上的痕迹将迅速被抹去……就像一层薄薄的灰尘被岁月吹散。我真的来过这个世界吗？经历过的那些艰辛困苦都不算什么吗？

我们要感谢她阅读的爱好，这让我们都知道了秋园的名字，也记住了这个可以被视作时代缩影的故事。这个故事像一滴水，最终汇入人类历史的长河。

我工作中很重要的一部分也是阅读，当我读到这样的书时，十分动容。我曾经访谈过众多作者，期间我也听到过这样的故事，他们一开始也只是单纯地热爱文学，然后就开始写作，写着写着，写作就变成了生命中的一部分，这样的爱好真好啊。60岁的杨本芬奶奶可以，你我也可以，不是吗？就像此刻的我，写下发自内心的感受和话语，希望能够传递一份支持与期许。

除了这些爱好，几乎所有的女性天性中都保留着对大自然和其他生命的热爱，我们喜欢美丽的鲜花，喜欢清新的森林，喜欢广袤的大海，喜欢叫声清脆的鸟儿，喜欢温顺憨厚的牛羊。从某种程度上来说，大自然这个孕育了所有生命的母亲，与女性的生命有着某种隐秘的联系，这也使得很多女性把环保和公益事业作为自己的爱好。

说到这里，我想与你分享蕾切尔·卡森的故事。在20世纪20年代的美国，蕾切尔·卡森立志投身于自然科学。她终身未婚，将自己的人生投入自然保护的研究与传播中。在那个绝大多数女性都是全职主妇的时代，在那个除教书之外妇女少有其他就业机会的年代，是什么让一个女性顶住重重压力，把目光投向环境保护这个领域？是什么让她无暇顾及自己的感情生活和对婚姻的期许，写出了这部影响世界的巨著？是热爱，是她对生命和整个世界深沉博大且富有责任的爱。

蕾切尔·卡森于1907年出生在美国乡间，她从小就热爱大自然，对自然万物的热爱随着她的成长慢慢发酵，最终让她成了一位极具影响力的自然保护主义者。高中毕业后，蕾切尔考入宾夕法尼女子学院，准备成为一名职业作家。后来，偶然的机会，她步入了生物学的殿堂，随后发现这一领域才是她真正的心之所向。这种在幼时就初现端倪的热爱，奠定了她后来在自然领域有所建树的基础。

在当时，成为科学工作者并不是大多数女性的选择，蕾切尔却毅然选择了这条少有女性走的路,并为此付出了极大的努力。最终,她成为一名生物学教授。1936年,蕾切尔在美国渔业局任职,她开始撰写相关文章,进入自然写作领域。1962年,她的著作《寂静的春天》出版,在书中,卡森通过大量案例和数据揭示了杀虫剂滥用给自然和人类带来的恶果。在那个年代,"环保"之说颇为少见,卡森面对的是资本宏大、权势滔天的利益集团,自然受到重重围攻。

面对攻击,卡森并没有退却,她坚守着自己的观点,作出了各种努力,试图向公众宣传环保的重要性和紧迫性。这些努力并没有白费,她的呼吁得到了广泛的响应。1970年4月22日,美国首次举行声势浩大的"地球日"活动,这场带动了美国民众的环保运动引发了蝴蝶效应,推动了多个国家环保事业的发展,那本《寂静的春天》也被评为20世纪后半叶最有影响力的著作之一。

1964年,卡森因病去世,享年56岁。在离世前写给朋友的一封信中,她描述了自己在海边度过的美好时光,并描写了黑脉金色斑蝶向西迁移的情景。看到永远不会归来的斑蝶,卡森并没有感到悲伤和沮丧。她认为,任何生命都会迎来自己的终极时刻,所以我们应该视之为自然。卡森写道:

> 那是一种欢乐的奇观,当我们谈及永不归来这个事实的时候,并没有感到悲伤和沮丧。不妨说,当任何鲜活的生命走向终极之时,我们都应当自然而然的接受这一最后结果。

斑蝶离去，但斑蝶之美是永恒的，卡森的精神和影响力也像这些斑蝶一样，并没有随着她的逝去而消失。她的著作《寂静的春天》成为环保运动和自然文学领域的重要文献之一。这本书揭示了人类对生态环境造成的巨大破坏，引发了公众和政府的广泛关注和重视。在她去世的几年后，环境保护成了一个全球性的问题，世界各国都开始制定相关的法律和政策，环保运动渐渐发展壮大，相关组织和机构层出不穷。作为环保领域的先驱和奠基人，卡森的精神和思想将继续引领和激励我们创造更加美好的环境，而这一切的一切，都是从卡森幼时对自然的热爱开始的。

生命的终极意义到底是什么呢？女性的生命空间到底能有多大呢？身为地球的一员，我们也许不能像蕾切尔·卡森一样为世界带来如此深远的影响，但我们可以把崇敬的目光投向这样的女性，以此照亮自己前行的脚步，学着以热爱为始，开启更有趣的人生。

如果说，过去人们的爱好可能是支撑其生命的另一种力量，是在俗世生活之外的一种转移和逃离，那么在这个时代，兴趣爱好又有了不一样的意义和价值。在多元化的生活方式和互联网带来的多种机会下，有很多人直接把爱好变成了事业，并投身其中，享受它们所带来的幸福。

2022年，一个名叫林西的小姑娘曾在网络上引发了关注。她毕业于北京外国语大学，把自己的爱好变成了一份职业，而且是一份很少有人听说过的职业：拆解装裱师。林西在毕业旅行时曾出席过一个时装周，她看到有设计师用塑料垃圾做时装，受到了启发：既然塑料垃圾可以"变废为宝"，那自己有那么多舍不得扔的电子设备，是不是也可以"变废为宝"呢？于是，她开始把手机拆卸成零件，重新进行组装设计，并把这个过程拍成了视频，发到了网上。没想到，她的作品广受欢迎，还收到了很多订单。每个订单背后，几乎都有一个感人的故事。比如，有一位深爱妻子的男士，在结婚十周年时，非常想念已经过世的妻子，便希望林西能把他们的手表和戒指装裱起来，制成一幅画，让这些旧物以另一种方式继续陪伴自己。林西把手表的零件逐个拆解，按照树的形状层层排列叠加，做成了一棵指向戒指的生命树，再装裱成一幅以此为主题的画。

对那些委托者来说，林西不仅是拆解装裱师，更是故事镌刻师，她把故事镌刻在时间上，故事才能被永远铭记。于是，刚毕业不久的林西，凭着爱好与创意，创造了"拆解装裱师"这个新职业，不仅年收入高达几百万，还成功疗愈了许多人的心灵。我想这就是女性极具价值的一面，正如前文中提到的那样，女性大脑的优势就是拥有更强的共情力，更善于通过直觉作出精准的判断，她们还拥有更强的行动力，以及同时处理多项任务的能力。林西的故事就充分地体现了这一点，于她而言，这个爱好不仅给了她一份事业，而且让她通过创作充满善意与爱意的作品而获得了价值感。

看到这里，不知你是否理解了我为什么把爱好作为衡量幸福的重要因素。正如叔本华所说："被赋予了高度精神力量的人，过着思想丰富、多姿多彩、充满了生命活力的人生，其自身就承载着最高尚的乐趣之源。这类聪明人的典型特征还包括他们比别人多了一项需求，那就是对阅读、观察、研究、冥想和实践的需求，简而言之，他们需要不被打扰的闲暇……最高级、最丰富且最持久的乐趣来源于思想，思想力量的强弱决定了乐趣的大小。人生的幸福在很大程度上取决于我们是谁，以及我们的个性；财富或命运通常只是意味着我们有什么，或是别人以为我们有什么。如果我们真的内心富足，就不会过于期待改变命运。"在这位伟大的哲学家看来，如果一个人没有精神生活，就如同行尸走肉一般。人没有爱好，不仅自己的生命没有意义，对这个世界而言，更是一个毫无价值的过客。而且，人类文明进化到今天，确实有很多值得我们热爱的事物，我们不应该辜负这一切。

我曾经开设过一门名为"钻石女人必修课"的课程，如此命名是因为我觉得女人就应该像钻石一样。钻石的切割过程与女性的生命历程非常相似，我们也会被阅读、经历、爱好、情感、岁月甚至苦难打磨，从而呈现出夺目的光彩。我讲述过很多知名女性的故事，凡是能成为故事主人公的女性，都是有着有趣灵魂和独特气质的多面女人。她们的生命就像一颗璀璨的钻石，折射出耀眼的光芒。她们大多历经坎坷，但无论命运赋予她们什么际遇，她们总能闪现出独具个性的美。这些钻石般的女性有着在岁月的侵蚀下依旧能优雅老去的外表；有着在生活的磨难中依然保持精致的坚持；有着在一地鸡毛中也能获得精神慰藉的能力。因为热爱画画，潘玉良从一个妓女最终成为著名的艺术家；因为热爱表演，黄柳霜从一个唐人街的贫家女成为好莱坞当年最红的华人女星；因为热爱写作，凌叔华从一个大家族的千金小姐成为新锐女作家；因为热爱中国文化，张充和唱昆曲、写书法，被誉为"中国最后一个才女"，还有严幼韵、萧红、张爱玲……再闪耀的钻石也不会比生命本身更璀璨，而一个热爱生命、满腔热忱的女人一定会比钻石更加闪耀。

一位作家曾说："拥有自己的爱好，丰富的内心，再普通的日子也能过出妙趣横生、锦上添花般的诗意。"生活不是只有当下的苟且，还有诗和远方。那么，就让爱好成为表达自我的最好途径，让我们一起在各种喜好中收获幸福吧！

祝你每一次的新奇体验都能开出一朵幸福的花！

宸冰

▲ 延伸阅读

《林徽因传》张清平　著

《下午茶》简媜　著

《上海的金枝玉叶》陈丹燕　著

《秋园》杨本芬　著

《寂静的春天》［美］蕾切尔·卡森　著

/ 第 17 封信 /
幸福与财富

　　财富可以让我们有更多选择的自由,但它并不等同于幸福。生活方式、思维方式、见识、心态,才是我们应对复杂世界的底气。

亲爱的悠悠：

你好！

今天咱们要来谈一个与幸福息息相关的话题——财富。几乎每个人都知道财富的重要性，财富可以满足我们物质上的需求，让我们拥有舒适的居所、高品质的食物、高质量的教育、奢侈的旅行，以及华贵的衣服和珠宝。

对女性来说，拥有这些东西不仅会让人感到舒适，也会让人有满足感。但是，随着时间的推移，你也许会发现，自己会对这些物质逐渐失去新鲜感，它们并不能让我们感到真正的快乐。而且，当丰富的物质充斥着我们的生活，那些由此带来的幸福感会逐渐减少，最后反而会越来越空虚甚至焦虑。当然，除了物质，财富也可以给我们带来很多机会和自由。人们通常认为有钱人可以更加自如地选择自己的生活方式和职业，可以尽情投身于自己的兴趣爱好，而不是单纯为了谋生。这种自由能带来一定程度的幸福感。然而，同样地，当自由过多而导致选择过多时，这种自由就变成了一种压力，快乐就会随之减少，倦怠与无聊会逐渐取代快感，这也是许多有钱人追求极致刺激，逐渐堕落的原因。

那么，财富到底怎样影响了我们的生活？我们要不要去追寻财富？拥有多少财富我们才能获得安全感？财富仅仅是指物质财富吗？与物质财富相比，精神财富是否更能够让人获得满足感？为什么一些拥有精神财富的文豪或艺术家，却过着穷困潦倒的生活，并不幸福？这些问题是所有人都要面对的。接下来，我还会重点讨论财富与女性幸福的关系。

国内外的多项研究表明，女性的经济地位和幸福感密切相关。当女性经济独立，拥有稳定的收入来源，并在职业发展上取得成功时，她们的生活质量、幸福感和自尊都有明显的提升。著名女企业家玛丽莲·休森认为，成功并不是幸福的充分条件，但是当女性获得自主权和成功时，她们可以获得更多的控制权和选择权，从而更容易获得幸福。

确实，当女性获得更多的资源和机会时，可以实现更多的个人追求，从而提升幸福感，这也是现代女性权益得到保障的重要基础，所以，对女性来说，财富是一个不可不谈、不可不知的话题。

首先，我想和你谈一谈财富观。在中国，人们往往认为谈论钱财会显得不高雅或者不妥当。这主要是因为，从文化的角度来看，我国古代最具影响力的哲学理念——儒家思想，强调的就是礼仪、道德，以及人与人之间的和谐关系，提倡人们应该追求高尚的品质和学识上的成就，不鼓励人们过度追求金钱，对物质财富也保有相对淡漠的态度。在这种思想的影响下，谈论钱财被视为粗俗之举。士人阶层普遍认为，追求道德和知识修养比追求财富更重要。中国是一个讲究面子的社会，在社交场合，尊严和声誉至关重要，因此，绝大多数人是羞于在公开场合讨论财富的。另外这还涉及个人经济状况和社会地位，讨论钱财、强调地位，还可能招来他人的嫉妒，导致人际关系紧张。而对女性来说，情况就更复杂了。

在人类的历史上，女性拥有财富支配权的时间并不长。女性的经济地位一直远低于男性，并长期受到社会的压迫，甚至被剥夺了掌控财富的权利。比如，英国的一项法律规定，结婚后，女性的财产全部归丈夫所有，女性无权对自己的财产作任何决定。这项规定一直延续到20世纪初。法国的婚姻法对女性的财产也有严苛的限制，如果妻子的婚前财产比丈夫的多，便被称为"不平等财产"，法院便有权解除这段婚姻关系。在我国历史上，女性的财富同样受到了很大的限制。依据中国古代的婚姻制度，女性婚前拥有的财产大多是嫁妆，它们在婚后会变成夫家的，女性会失去对这些财产的掌控权。男性通常是家庭中的经济支柱，女性则负责料理家务和照顾子女，甚至被视为男性的财产，因此，女性很难积累属于自己的财富。这样的制度和文化传统也使得女性在婚姻中一直处于弱势地位。

这些传统会在潜移默化中规训女性，让她们失去经济能力和自信，羞于谈钱，无法光明正大地追求财富。此外，女性在自我实现和经济独立方面一直遭受各种阻碍，无法获取自主权、话语权和财富支配权，一方面，女性无法充分发挥出自己的能力；另一方面，一旦言及金钱和财富，就会被斥责过于现实、功利，遭到打压和讥讽，甚至会被称为"拜金女"。讽刺的是，一直热衷于追求权力、财富，甚至为此不惜一切代价的男性，在显露出对财富的野心时，却会被赞为有抱负、有上进心。

如果你读过一些文学名著，你一定会发现，很多作品中的反面女性角色都显得贪婪、虚荣，而那些讨喜的角色通常都是清贫、不追求物质财富的女性。比如，《傲慢与偏见》中的卢卡斯夫人是伊丽莎白·贝内特的好友，因为贪图金钱和地位而嫁给了富商，但她却没有获得真正的幸福。她对自己的女儿和儿媳都很苛刻，为了自己的利益，甚至强迫女儿出嫁。这种贪婪和自私的行为，让她在小说中成了一个很不受欢迎的角色，这也反映了当时的社会对女性追求财富的看法。《傲慢与偏见》中的正面形象是以伊丽莎白·贝内特为代表的那些聪明、善良、有主见、有尊严、有自我追求的女性。伊丽莎白机智、有趣、心地善良，虽然向往浪漫的爱情，但并不愿意为爱情放弃自尊。她看重的是一个人的品质和才华，而非财富和地位。尽管她一开始对达西先生的傲慢和偏见十分反感，但在了解他之后，她的观点逐渐转变，最终与他喜结连理。也就是说，在作者的笔下，一名坚持自我、不怎么在乎金钱的女性，在阴差阳错中嫁给了有钱人，这一皆大欢喜的结局其实体现了那个年代所推崇的价值观，以及施加在女性身上的道德规范。

但亲爱的，我一定要告诉你，任何一个人，无论男女，都有权追求自己想要的事物，包括财富和金钱。这没什么可羞耻的，更不需要遮遮掩掩。追求金钱和物质并不意味着这个人"拜金"，同样，对物质财富没有欲求也不意味着这个人品格高尚。如今，我们可以通过自己的劳动和能力创造价值，收获属于自己的财富，这是一件值得称赞的事情。所谓"君子爱财，取之有道"，只要没有为了追求金钱而违背道德或损害他人的利益，就值得鼓励。对绝大多数女性来说，追求财富是非常自然的行为，这种权利并不与我们的性别和女性美德相矛盾。我们应该打破传统观念和社会偏见的限制，建立起健康的财富观，具备经济独立的能力，在此基础上勇敢选择自己的人生道路。所以，在日常生活中，积极地讨论财富问题，学习必要的理财知识，花心思管理自己的财富，靠自己的能力过上自己喜欢的生活，这个过程本身就是一种幸福。

更重要的是，积极正向地讨论财富问题，还会让我们拥有从容的心态。女性终其一生都在寻求安全感，有人误以为自己的安全感只能来自身边的男性，事实上，拥有自己的物质财富可以让我们在面临爱情、婚姻中的选择时，能够进行更良性的互动，有更独立洒脱的态度。一个独立且拥有一定经济基础的女性在处理感情问题时可能会更加自信和坦然，在遇到分歧时也能更好地表达自己的观点和需求，并能给予伴侣更多的支持，有助于建立更加和谐的亲密关系。

经济独立还能使女性在家庭面临困境和挑战时保持镇定。当家庭经济压力较大时，经济独立的女性能更加冷静地应对问题，而不是陷入惊慌和焦虑中，一旦没有了精神负担，问题也能得到更好的解决，家庭氛围也会更加和谐。我甚至认为，如果你不能和一个男人坦然地讨论金钱问题，那么你们的关系很可能还没有达到完全信任、接纳彼此的程度，换句话说，就是还不够稳定。在这种情况下，如果女性没有财富意识，就有可能为未来的生活埋下隐患。

我有一个叫小梅的朋友，她从小家境一般，上大学时就开始勤工俭学，慢慢地有了一些存款，可她当时的男朋友小齐对此很不理解。小齐家境很好，他觉得人要活在当下，小梅不应该在年轻的时候为了工作而牺牲两人的相处时间，还说这是小梅不够重视这段感情、对自己没信心的表现。在小梅看来，年轻人辛苦一些没什么不好，未来是要靠自己打拼的，多累积点经验、多些积蓄是好事，而且他们恋爱和约会也有很多花销，她不希望总是用小齐的钱。家庭条件优越的小齐觉得自己并不缺钱，给小梅花钱也是应该的，未来还很遥远，可以先轻松地享受几年人生，没必要这么早就开始挣钱。他们各持己见，经常为此爆发争吵，最后两人以分手告终。

分手之后，小梅越发坚定了自己要努力赚钱的决心。毕业后，她凭借勤工俭学积累的经验找到了一份不错的工作，而且通过学习相关课程学会了理财，几年之后，她惊喜地发现自己已经积攒了一笔不小的财富，对未来的生活也更有信心了。就在这时，她遇到了在银行工作的阿峰，尽管阿峰家境并不如小齐，但他工作勤奋、认真，人品好，负责任，更重要的是，他非常尊重小梅。认真坦诚地相处了一段时间后，阿峰表示，如果两人在一起，他愿意承担大部分的共同支出，并且支持小梅理财，阿峰的诚挚和尊重让小梅毫不犹豫地选择了结婚。

婚后他们一起奋斗，共同承担家庭开支，这使他们的关系更加平衡。遇到问题他们有商有量；碰到困难，小梅也能保持冷静，与阿峰共同面对。她对自己的未来也有明确的规划，这让阿峰更加信任和尊重她。他们的孩子出生后，小梅仍然在事业上不断努力。无论是老人生病还是孩子入学，她都能从容应对，与阿峰共同撑起了这个家。她的经济独立让她在家庭面对困境时更有底气，也能够更从容地支持和关爱家人。阿峰十分认同小梅的财富观，自己也十分努力。虽然他们没有大富大贵，但把日子过得充实且多彩，朋友都很羡慕他们。在小梅看来，这份幸福与自己的底气和健康的心态密不可分，而这些都是财富带给她的礼物。

小梅的经历给了我很大的启发。我并不是一个理财观念很强的人，大概是从小到大物质上没有什么缺失的缘故。我一直觉得自己对财富没有太大的欲望，因此错失了不少机会。年轻时我没有存钱的概念，每个月的工资都用来买衣服和化妆品了。其实，我当时的工资不算低，如果有理财的意识，合理规划，没准到现在也能攒下一笔可观的财富，但当时的我完全没有未雨绸缪的意识。

2022年，我采访一个北大的师妹王朝薇时与她聊起了这件事，她说我是一个理财方面典型的反面教材。王朝薇是畅销书《财富增长：从0到1000万的财富自由手册》的作者，也是一名资深的理财顾问。她用工作第一个月的工资买了基金，并在工作一年后开始投资买房，尝试过各种理财方式。在她看来，女性一定要有理财意识，而且越早越好。

她让我看到了一个具有理财意识的女性有着怎样的思维模式和生活方式。她的自信、睿智以及良好的心态，很大程度上是因为她在这个瞬息万变的时代依然具备从容应对生活的底气。这种底气来自她多年来一直坚持的理财习惯，也来自她用自己的业务能力帮助很多女性通过理财获得安全感和幸福感的卓然成就。在《财富增长：从0到1000万的财富自由手册》这本写给中国新中产人群的投资理财读物中，她以帮助明星、企业家打造个人理财方案的10余年经历为基础，梳理出了一套理财方法论，并结合真实案例予以解释和说明，手把手地引导读者从0开始，踏上财富增长之路。我对这本书相见恨晚，并不是因为这本书有多么神奇和高深，而是因为读完这本书后，我的理财观念彻底被改变了，和理财收益相比，这其实是一笔更为宝贵的财富。

在专业的理财顾问眼中，财富问题是每个人都需要重点关注和处理的人生问题。只有掌握了一定的理财知识，才能更好地规划自己的资产和未来，过上更从容、更自由的生活。不过，对大多数人来说，理财并不是一件容易的事情。当我有了理财意识之后，特意阅读了不少这方面的书籍，也总结了一些经验，在这里也分享给你。不过，我不是专业人士，和理财顾问专业的投资建议相比，我更希望能从底层逻辑上给你一点启发。我们可以用经济学和社会学原理帮助自己更好地理解理财这件事，这样我们才能透过现象看本质，既不执着于自己的感觉，也不盲从他人的建议，用宏观、发展的眼光看待这些问题。

首先，经济学中的"机会成本"这一概念，可以帮助我们在投资时更好地进行决策。机会成本是指在作出决策时，你所放弃的最好的其他选项。也就是当作出某种选择时，我们放弃的其他选项所附带的成本。比如，当我们选择购买某种投资产品时，要承担与该产品相关的风险和成本，同时要放弃其他可能更好的投资产品。因此，在进行投资决策时，我们要考虑多个因素，权衡各种成本和风险，从而作出最优选择。比如，你有一笔30万元的闲置资金，你是愿意用这笔钱去买股票，还是买基金？是将其用于旅游、购物，还是用于学习、深造？其实作每个选择时，我们并不是要先算收益，而是要先算机会成本。如果你不买股票，就不会亏损，当然也不会盈利，如果我们发现自己并不擅长股票投资，意味着亏损的可能性更大，那就可以把这笔钱用在其他地方。同样，如果我拿这笔钱去进修学习，在当下看来可能没有收益，但学到的东西能够让自己增值，所以从长远来看，这显然是一笔不会赔本的投资。总之，这不仅是一个简单的计算成本与收益的问题，而且是涉及方方面面的问题，需要你对自己的现在和未来进行客观的分析，甚至要对时代背景和社会环境进行更具有前瞻性的判断。

其次，社会学中的"社会资本"这个概念，可以帮助我们更好地理解财富的本质。社会资本是指人们在社会交往中所积累的信任、合作和共享资源。社会资本是财富的一种重要形式，不仅包括物质上的有形财富，还包括人际关系和社会网络中所蕴含的无形财富。我们接着以30万元闲置资金为例，如果你选择用30万元去进修学习，那么，你可能会获得新的人脉资源，甚至可以通过这些人脉资源获得投资、人力、技术、信息等资源。从这个角度看，增加社会资本无疑是一笔十分划算、稳赚不赔的投资，我们应该积极地培养和管理自己的社会资本。但我也要提醒你，包括社会资本在内的任何投资，都要根据你自己的财务状况量力而行。而"财务规划"能帮助我们更好地理清自己的财务状况。

财务规划是指通过科学地规划和管理财务资源，实现个人财务目标的过程。财务规划需要我们全面地考虑个人的财务状况、财务目标和风险偏好等，从而制定出合理的财务计划。在制定财务计划时，我们需要合理分配自己的财务资源，包括收入、支出和投资等。其中，投资是财务规划的重要组成部分，我们要根据自己的实际情况选择合适的投资方式和理财产品。

此外，我们还要注意风险管理。在财务规划中，我们需要全面地考虑各种可能存在的风险，包括市场风险、信用风险和操作风险等，从而制定出相应的风险管理策略。比如，我们可以通过分散投资、定期调整投资组合和购买保险等方式降低风险。

最后，我们还要建立一个属于自己的财富增长系统。这需要我们从多个方面入手，包括分析个人的财务状况、制定财务目标和财务计划、学习理财知识等。

我不知道你是否会分析个人的财务状况，包括对个人的收入、支出、资产和负债等财务状况，进行全面、系统的分析和评估。如此，我们可以采取相应的措施来改善自己的财务状况。

接下来，我们要制定财务目标，即个人希望在一定时间内获得的财务结果，比如储蓄资金、购买房产、准备旅游资金或者退休后的财务保障等。制定财务目标要考虑个人的生活需求、风险偏好和财务状况等因素，从而制定出具体可行的财务目标和相应的财务计划。为了确保能够实现财务目标，你需要考虑多方面的因素，还要合理分配收入、控制支出、多样化投资、适当避税并购买合适的保险等。因此，具备理财知识对你来说非常重要，它是你建立财富增长系统的重要前提，我们要通过多种方式不断地学习和提升这方面的知识。

至此，我们几乎已经创建了一项相对完备的财富计划。当然，还要在实践中不断对它进行调整，定期对自己的财务目标和计划进行评估，才能适应各种变化，从而拥有一个稳健、高效的财务增长系统。

读到这里，你感觉如何？我虽然不是专业的理财顾问，但对理财也做了不少功课。我想我们至少是在理念和态度上达成了共识，希望这会对你有所帮助。

接下来，我们要讨论的是幸福与财富的复杂关系。我们都知道，尽管财富能让我们拥有幸福感，但它并不是获得幸福的必要条件。在现实生活中，我们也会看到，许多有钱人的生活并不幸福，而许多贫穷的人却能拥有自己的幸福人生。幸福感不只源于物质需求的满足，还源于精神和情感需求的满足。比如家庭的温暖、友情的陪伴、工作的成就感等，这些其实都是金钱无法买到的。而且，我们也会看到，财富有时会让人变得自私和孤独，甚至让人产生焦虑和压力。当人们过分追求财富时，很容易丢失一些更重要的东西，使得他们感受不到幸福。

所以，我要强调财富的重要性，以及建立理财观念的紧迫性，但我也要强调另外一点，即获得精神和情感层面的满足感也非常重要。在追求财富的过程中，我们要注意保持物质与精神的平衡，不要因为过分追求财富而失去更重要的东西。想要享受物质财富，你的精神财富也要与之相匹配，甚至应该更加富足。

女性的精神财富包括情感、认知和精神上的充足。你也可以把它理解为一种文化资本，它包括我们所拥有的知识、教育经历、技能、经验等诸多无形资产，以及随之而来的机会和资源。在这个充满竞争的时代，文化资本是普通人立足于社会的底气。拥有文化资本，你可以翻山越岭、勇往直前。文化资本不足，在职场上，你可能会被同事们甩在身后，错失无数升职加薪的机会；在生活中，你可能也会因为知识匮乏而眼界狭窄、思维僵化，以至错过许多精彩的体验；甚至会因为文化资本上的瓶颈而难以摆脱困境。

过去，女性接受教育的机会不多，知识水平往往会受到限制，所以她们的文化资本严重不足，这使得女性在社会和经济上都处于劣势地位。以前的女性只能在社会上做一些简单的基础工作，薪资和地位更高的职位上很少出现女性的身影，但是，随着社会的发展和无数女性的不断抗争，越来越多的女性拥有了比以往更高的文化资本，甚至展现出了优于男性的职业素养和综合能力，打开了许多以前似乎无法撼动的大门，拥有高职位、高薪酬、高权力的女性越来越多，所承担的责任也越来越重。女性努力积累的文化资本使得我们的经济地位和话语权都在持续提升。

现在你可能意识到了，我所说的文化资本涵盖了方方面面。其中，教育是一个重要的组成部分。受过良好教育的人通常更容易在社会上取得成功，当下的教育已经不限于学校，而是终身学习。这个理念让我们始终拥有学习的机会，从而获取更多的知识和技能。当然，文化参与对积累文化资本也很重要，你可以多参加一些文化活动，比如看电影、听音乐会、参观艺术展等，这些都有助于提高我们的文化素养，拓宽视野，更好地理解这个世界。生活在这个充满变动的时代，了解和认同自己的文化，包括我们的价值观、信仰和传统，能让我们在不同的文化背景中拥有自信，也更容易理解他人，更好地与他人交流、合作。

在与家人、朋友和同事的互动中，我们也可以获得更多的信息、资源和支持，这些都能帮助我们更好地在社会中生存和发展。在这些互动中，沟通能力和表达能力起着非常重要的作用，如果一个人善于表达自己的诉求，且有良好的沟通能力，那他处理各种人际关系问题都会得心应手。除此之外，一个人的态度和价值观也是文化资本的重要组成部分。当我们遇到问题和挑战时，良好的态度和价值观能帮助我们作出更加明智的选择，从而避免损失。如果你不是富二代，也许可以先从这些方面努力，让自己首先拥有文化资本和精神财富，进而获得金钱资本与物质财富，让两者达成平衡，从而获得稳定的幸福感。

苹果公司的创始人史蒂夫·乔布斯，其实就是一个拥有文化资本的人。虽然乔布斯没有完成大学学业，但他从未停止过对知识和技能的追求。上大学时，他曾选修过英文书法课，这些看上去无用的知识使得他后来能够将优美的字体运用到产品设计中，进而颠覆性地改变了这个行业的产品形态。乔布斯对艺术和设计有着浓厚的兴趣，他善于从不同领域汲取灵感，使产品在设计上独树一帜，既有个性又有新意。作为企业的领袖，乔布斯也很擅长与他人交往，他曾与迪士尼公司CEO鲍勃·伊格尔建立了良好的关系，为苹果和迪士尼之间的合作铺平了道路。

乔布斯年轻时还曾前往印度寻求精神启示，并对禅宗产生了浓厚的兴趣。禅宗强调内心的平静、自省，以及对事物本质的领悟，这样的哲学观在很大程度上塑造了乔布斯的思维方式和人生观。禅宗追求简单纯粹，他将这种理念融会贯通，促生了简约、易用的产品风格。此外，禅宗的思想还让乔布斯始终坚守自己的内心，有非凡的意志和毅力，在面临困境和挑战时依然能保持冷静、果断，屡次化险为夷，最终带领苹果公司取得成功。可以说，禅宗对乔布斯的影响不可忽视，它在乔布斯的文化资本中有举足轻重的地位。

乔布斯的例子表明，通过在教育程度、知识技能、文化参与、社会关系、文化认同和价值观等方面积极提升自己，我们能更好地发掘自己的潜力，拥有可观的文化资本。这不仅会让我们在生活和事业上取得巨大的成功，而且会让我们始终保持平和、谦逊、乐观与豁达的心态，成为一个受人尊敬的财富拥有者。

我其实一直都在积累自己的文化资本和精神财富。我坚持阅读，拥有丰富多彩的业余生活，不断学习和思考，艰难地创业，这一切都依托于我的文化资本。可以说，我的成长史就是一个不断增加自己文化资本并且合理使用它的过程。作为一名坚定的中国文化倡导者，我的价值观显然带着儒家思想的烙印，因此，我的潜意识中会隐约地排斥金钱和商业行为，对物质资本和财富的态度其实也不是很客观。无论我所从事的事业，还是我获得的社会荣誉，都能直观地反映出我所具备的文化资本，却并没有体现出与之相匹配的物质财富，这不仅是能力的问题，更是一个涉及观念和人生选择的问题。其实，在给你写这封信时，我学会了更加客观地看待这个问题，这也是我在这封信的开始讨论物质财富的原因，但我也希望自己在文化资本方面的思考能给你一些启发。

对每一个想要增加精神财富的女性来说，培养健康的生活方式是基础。健康的生活方式包括均衡的饮食、充足的睡眠、适量的运动和享受。这些能让我们的精神和身体都活得健康。我现在每天都会花半小时左右的时间进行锻炼，并开始改掉年轻时的坏毛病，尽量早睡，当我意识到身体很疲劳时，我也不会硬撑着加班或者继续透支，而是学着让身体休息放松。毕竟，没有什么是必须要做的，一切都取决于你对自己的把握和态度。

阅读和培养兴趣爱好是我获取文化资本的主要途径。阅读是一个几乎没有任何副作用的好习惯，也是增加文化资本的重要手段。阅读哲学、文学、历史类的书籍，对积累精神财富有很大的帮助，因为这些书籍不仅能帮助我们深入思考自己的人生，还能从底层逻辑上增加我们对人生的认识和体验，提升自己的思维能力和判断力。哲学类书籍可以带我们探索和思考生命、存在、价值等方面的问题，增强我们的思维能力和判断力；文学类书籍能帮我们拓宽视野，让我们更富有想象力和创造力；历史类书籍则能帮助我们更宏观地理解人类的历史和文化，更加理性地面对现实生活中的困境。兴趣爱好则能让我们感到放松和愉悦，并给我们带来精神上的乐趣，让我们感觉充实。通过培养兴趣爱好，我们还能发挥自己的创造力，这也在无形中增加了我们的文化资本。

此外，坚持学习新知识，不断积累生活和工作经验，提升个人价值和综合能力，保持对世界的好奇心，也能让人获得精神上的充实感。

总之，具备精神财富会让我们获得一种超越物质需求的满足感，在情感、认知和精神上有充实的感觉，这样我们才能更好地享受物质财富，在精神与物质的平衡中感受到幸福。

关于幸福与财富，还有一些值得探究的小问题。有调查显示，当女性拥有更多的经济自主权和财富时，她们对伴侣的要求也会更高，这也是目前一线城市中很多高收入女性单身的原因之一，那么，当女性拥有财富时，会不会影响爱情与婚姻呢？

这个问题要分两方面来看。一方面，女性拥有更多的经济自主权可能会提升她们的婚姻质量和幸福感。因为拥有经济自主权能让女性更加自信和独立地生活，这种自信和独立会吸引更多价值观、人生观与她们相契合的男性。另一方面，如果女性收入更高，可能会让一些男性产生自卑、不甘和抵触的心理。在这种情况下，我们应该通过沟通解开对方的心结，但如果在价值观上确实无法达成共识，那可能就要谨慎地考虑如何处理这段关系了。

在现代家庭中，处理财务问题往往是夫妻双方共同的责任，不能仅由其中一方全权负责。因此，女性拥有经济自主权对一个家庭来说是一件很重要的事。理想状态下，夫妻双方应该坦诚相待、相互信任，共同承担生活成本。如果存在分歧，就要及时沟通，共同寻找解决方案。如果夫妻双方都有固定的收入，那么你们可以将开销分成共同支出和个人支出两部分。对于共同支出，可以根据双方的收入按比例分摊，比如房贷、房租、水电费、日常生活开销等。对于个人支出，可以各自负责自己的开销，比如娱乐、购物等。这样既可以避免某一方承担过多的开销，也能保护个人隐私和自主性。另外，双方还可以共同制订家庭的投资计划。在这个过程中，经过共同商议，双方可以了解彼此的价值观和风险承受能力，为未来的生活打下坚实的基础。总之，在家庭生活中，要尽量避免在财务问题上出现双方不平等的情况。这样才能增强双方的信任，有利于彼此合作，促进家庭关系的和谐，减少因财富问题产生的负面影响。

最后，我想再给你讲一个故事。有一个叫艾米丽的女孩，她从小家庭条件就不太好，所以一直很羡慕那些有漂亮裙子和精美饰品的同学。为此，她拼尽全力学习，并顺利考上了一所名牌大学。毕业后，艾米丽进入一家著名的投行工作，渐渐有了能力提高自己的生活品质，花钱带来的快感让她更加渴求财富。在这个过程中，她获得了自信和从容，但是，她的工作日益繁忙，业绩压力也逐渐增大。为了保证高品质的生活，她开始变得只关心自己的事业和薪资，很少与朋友和家人联系。后来，一起意外事件改变了艾米丽的生活：她的父母突然去世了，留下她独自面对人生的困境。她这才发现，自己过去所追求的一切在此时完全没有意义，金钱并没有给她带来安慰和真正的满足感。在投行工作的这几年，事业占据了她所有的心思，追求财富的欲望让她无暇停下脚步享受生活。她的人生看起来光鲜亮丽，但她的内心越来越感到空虚和失落。

艾米丽意识到对物质的追求可能让自己错失了生活的美好，于是她开始重新审视自己的价值观。一天，她遇到了一个叫露西的女孩，她是一名志愿者，常常参加公益活动。艾米丽得到启发，也加入了志愿者的行列，并因此结识了一些有趣的人。他们来自不同的阶层和行业，但都有一个共同点：他们对他人和社会有着强烈的责任感，并愿意花时间和精力为社会作出贡献。在与这些人相处的过程中，艾米丽发现自己变得更加乐观和积极了。她开始注意到身边的美好事物，学会了感恩。渐渐地，艾米丽重新找到了自己的人生目标，并决定放弃那些浮夸的追求。她辞掉了高薪工作，决定为自己的梦想和兴趣而活。她开始环游世界，体验各地不同的文化和风土人情，还写了一本书，讲述了她的经历和成长故事。这时候，艾米丽才看到了自己内心真正的需求，也得到了真正的幸福。

在这个充满竞争、物质至上的社会，就财富而言，并没有一个恒定的标准能直接与幸福挂钩。想要实现财富自由，首先要实现精神与心灵的自由。作为女性，我们要建立起正确的财富观和理财意识，明确拥有经济自主权是获得幸福的重要前提和基本保障，然后通过自己的能力和劳动获得财富。同时，我们也要及时反思自己的价值观和生活方式，正确定义自己的人生目标和幸福感。要牢记，一味地追求财富和物质并不一定能带来真正的幸福感和满足感，过于强调个人的成就和财富，可能会让你产生空虚感和疏离感，更谈不上幸福了。和物质相比，拥有文化的滋养、家庭的温暖、友情的陪伴、梦想、兴趣，具备社会责任感和奉献精神，以及自我实现的成就感等，才是更为宝贵的财富。

让我们相互鼓励和陪伴，在精神财富与物质财富共同增长的道路上一起不断学习、探索和前行，收获属于我们的幸福！希望我们能以这封信共勉，一起成就自由之路。

宸冰

▎**延伸阅读**

《财富增长：从 0 到 1000 万的财富自由手册》王朝薇　著
《薛兆丰经济学讲义》薛兆丰　著
《区分：判断力的社会批判》[法] 皮埃尔·布尔迪厄　著
《史蒂夫·乔布斯传》[美] 沃尔特·艾萨克森　著

◦ XVIII ◦

/ 第 18 封信 /
幸福与美丽

　　发现美、感受美、创造美，是我们与世界的连接和互动，是与生俱来的精神追求，也是我们对生命最大程度的褒奖。

亲爱的悠悠：

你好！

今天我想和你聊的话题，是每个女性都具有也都渴望的一种特质，那就是美。

古今中外，人们总会把美与女性联系在一起。纵观历史，在文学和艺术作品中，也都离不开女性与美。比如李白的"云想衣裳花想容，春风拂槛露华浓"；曹植的"翩若惊鸿，婉若游龙。荣曜秋菊，华茂春松"；拜伦的"她走来，风姿幽美，像无云夜空的那繁星闪闪；明与暗辉映的最美形象，交集于她的容颜和双眼，融成一片淡雅的清光"。无数的绘画、雕塑、电影、戏剧、音乐、舞蹈作品，都赞美了女性的美。可以说，女性的美是人类艺术重要的组成部分之一，甚至是人类文明之美的源泉。

那么，女性该如何去认识、理解和表现美，又该如何通过欣赏、学习、创造美来获得幸福呢？我认为，首先我们要有基本的审美观，这既是一个人具备综合素养的体现，也是我们拥有精神生活的基础，更是陶冶心灵、滋养灵魂的必要因素。

当我们谈论审美时，我们必须认识到审美是一种文化和艺术的综合表现，是人类对美的追求和表达。在哲学意义上，审美被视作人类对美好、和谐、理想的探索和追求。这种探索和追求是一种心灵上的修行和成长，是对自己和世界的一种认知和体验。在这个过程中，我们能更好地理解自己的内心世界，深刻地认识我们与世界的关系。而艺术则是审美的一种具体表现形式，它是人类对生命、自然、社会、文化等维度上各种现象的表达和诠释。通过艺术，我们能感受到世界的多样性和复杂性，感受到生命的神秘和美好，还能更深刻地认识自己与他人的共性和差异。因此，女性提升审美能力不仅是为了更好地展现自己的美，也是为了更深刻地认识自己和世界。这就要求我们不断学习并探索艺术和文化，理解不同的审美观和文化背景，同时需要我们具备批判和反思的能力，避免被消费主义左右，要真正实现审美的价值。

木心曾说过："无审美力者亦无情。"这句话在某种程度上说明了审美的重要性。确实，如果一个人连美都感受不到或者对美的事物无法产生共鸣，那么他感性的一面肯定被抑制了，这样的人大概率情感淡漠，像机器人一般没有温情。而身为女性，与生俱来的温柔、善良和敏锐的直觉，使我们天然就对美有着亲近感。在人类历史的很长一段时间里，女性就是美的化身，"把美呈现给世界"在某些时代甚至被视作女性最重要的使命之一。

但是，随着时代的发展和文明的进步，女性的社会角色和定位都发生了变化，我们开始追求另外一些更加自我的、超越性别的价值，实现这种价值不仅需要付出时间、精力，还要在一定程度上摒弃传统的女性特质，甚至要模糊传统女性美的概念和标准。于是，在"颜值经济"当道的今天，有人因为过度追求男性凝视下的审美而通过整容、化妆等手段企图变"美"，另一些女性则走向了另一个极端，在生活中完全不在意美，甚至认为追求女性美就是堕落，就是在迎合男性、与其他女性竞争。

伴随着高效快速的生活，被高度商业化社会围困的女性逐渐成为社会机器的一部分，一方面以男性为模板塑造职业形象，创造社会价值，另一方面却被横行的消费主义审美所裹挟和绑架，不停地追逐所谓时尚，以为那就是美。没有时间停下脚步感受晚风拂过的温柔，没有心思在清晨静下心来欣赏冉冉升起的朝阳，没有多余的精力慢慢打理一盆绿植，也没有耐心认真读完一本诗集，用"断舍离"的方式扔掉刚买不久的华服，却又忍不住在浏览购物网站时将购物车一次次装满，一切慢的、需要认真体会和悉心感受的美似乎离我们越来越远。

蒋勋说："一个人审美水平的高低，决定了他的竞争力水平。因为审美不仅代表着整体思维，也代表着细节思维。什么是美？美就是看到一朵花开会感动。"可是，许多生活中的美好，很容易被我们错过，更谈不上享受和感动了，这是一种遗憾。因此我们重申审美的重要性，并且要意识到追求美是源于对生命的尊重，是在延续人类的文明，只有从更高的思想维度来理解审美，我们才能在追求美的过程中感受到幸福。

我们都知道意大利文艺复兴时期的画家达·芬奇的作品《蒙娜丽莎》，这幅画因为人物神秘的微笑和独特的构图成为人们心中的经典，人们沉醉于画中人的微笑时，其实就是在充分感受艺术作品的美。这名微笑的女性代表了一种超越不同时代和文明的美。从这个角度来说，中国东晋著名画家顾恺之的《女史箴图》《洛神赋图》也是这样的作品，千百年之后，无论是画中人物生动的面部表情，还是飘逸唯美的衣裳，都能使人体会到一种跨越时代的浪漫之美。德国哲学家康德曾经提出审美判断具备"纯粹性"和"普遍性"。他认为，真正的审美体验是超越感性和个人的，是具备普遍性和纯粹性的感受和体验的。这种审美体验可以通过欣赏经典音乐和文学作品来获取。

我曾在一次面对女性的讲座中询问现场的数百名观众，有没有人会在家里播放古典音乐？很遗憾，举手的人寥寥无几。听古典音乐并不是追求美的唯一方式，但是在聆听音乐时，你确实会被美包围。世界上没有任何一种艺术能像音乐这样细腻、丰富、精准，它能够动态、及时地表现人类的情绪变化。古典音乐不仅有疗愈作用，而且能让你感受到真正的美。

中央音乐学院原副院长周海宏先生曾这样解读艺术和美："没有

丰富感性体验的人生是枯燥的人生,没有艺术的人生是不完整的人生,不能享受音乐的人生是遗憾的人生。"音乐是一门从心灵流淌而出最终又通达心灵的语言,可以表达我们那些无以言表的情感与情绪,让人产生共鸣。它的影响力甚至超越了语言。在音乐中你不仅能听到美,而且可以通过想象看到美。所以我经常推荐朋友们听古典音乐,不要怕听不懂,要多听一听,去感受莫扎特的浪漫、贝多芬的激情、巴赫的庄严、肖斯塔科维奇的宏大,它们会在不知不觉中滋养你的心灵,提升你的美商。

之前我做过一档名为《音乐书单》的节目,我会在每一期节目里解读一首古典名曲,然后分享我认为与这首曲子调性一致的文学作品。这档节目推出之后颇受欢迎,我的审美也在录制节目的过程中得到了进一步的熏陶与提升。我为萨拉萨蒂的《流浪者之歌》搭配了闻一多的《奇迹》,为久石让的《太阳照常升起》原声音乐搭配了金一南的《苦难辉煌》,为德彪西的《月光》搭配了乔斯坦·贾德的《苏菲的世界》,为肖斯塔科维奇的《第二圆舞曲》搭配了斯蒂芬·茨威格的《人类群星闪耀时》,很多听众也都觉得这档节目很美,并按图索骥地开始听我推荐的古典音乐。其实,当你把美作为一种介质,通过美的感受连接各种事物,就会发现无论是你的现实生活还是精神世界,都能通过这个过程获得愉悦与幸福,我们的神经和状态也会趋于柔和、松弛,也能更从容地面对这个世界。所以,我期待你能学会用音乐来调剂生活,比如此刻,正在读书的你会用一首什么曲子作陪呢？

此外，随着时代的发展，越来越多的人在评判美的时候开始考虑环保和自然等因素，因为美本身就是和谐的象征，践行美需要人们具备宽广的胸怀和长远的目光，也有很多优秀的设计师会通过作品来传递这种价值观。比如，中国本土设计师马可和毛继鸿，就一直秉承"产品不跟风，将中国风元素贯彻到底"的理念，将"天人合一"的理念运用在他们的设计中，从服装款式到面料选择，以及设计主题和门店装修，都体现了一种朴素而宝贵的可持续性原则，并融合了审美、人文主义，以及侧重可持续发展的新都市生活方式。他们从大自然里的几千种植物原料中提取染料，创造出了植物染系列产品，推崇自然、环保的美学理念，深受各国女性欢迎。我想，身着这些服装的女性不仅是美的，而且也是注重健康环保并富有时代气息的。这些例子表明，审美不仅是对外在美的追求，更是对内在精神和文化的探索与表达。通过理解和欣赏这样一种美学态度，我们可以更深刻地认识到审美的意义和价值，从而更好地提升自己的审美能力。

聆听音乐、走进大自然、阅读，都是让我们与美同行，被美滋养的过程，而对女性来说，与美最直接、最基本的连接就是我们的形象。在当今时代，大多数女性或多或少会有容貌焦虑。但追求形象美并不容易，也会受限于经济能力，即便有足够的金钱作为支撑，追求形象美也需要品位和审美能力的加持，仅依靠满足虚荣心和炫耀心理的名牌消费来追求美，可能会适得其反。与此同时，流行风尚通过各种媒介轮番刺激我们的神经，拥有新衣服、新口红时，我们觉得幸福，但这种幸福稍纵即逝，我们马上就会陷入永远少一件衣服的烦恼中。久而久之，为此投入巨大的时间、精力和金钱成本的我们也会明白，变美这件事并不简单。

我记得多年前，一本名为《你的形象价值百万》的书十分火爆。这本书旨在帮助人们意识到形象的重要性，并指导人们进行形象管理。书中提道：

> 事业的长期发展优势中，视觉效应是你能力的9倍。形象如同天气，无论是好是坏，别人都能注意到，但却没人告诉你。我们牢固树立的自我形象实际上决定着我们将来会变成什么样的人。伟大的人是自己理性形象的扮演者。

这些观点非常有趣，也影响了当时的很多人，让人们意识到形象管理的价值。

当你形成了一定的个人风格，并拥有得体的形象时，可能会让你获得更好的机会。从这个角度看，我认为每个女性都要积极地尝试改变自己的形象，并在这个过程中提升自己的美商。此外，要想让自己呈现出更美的状态，最重要的不是了解流行趋势，而是真正地了解自己。你必须知道自己的身材优势，了解自己的容貌特点，以及生活方式、职业身份、经常出入的场合等，要把所有的一切统一起来，最后呈现出一种和谐的美感。比如，如果你是一名老师，通常情况下人们会认为，你的形象应该是温婉、知性、优雅的，你的服装、发型、妆容，都要符合这些特质，这样才能帮你树立更好的形象，给学生、家长留下更好的印象，从而在职业领域更有影响力。如果你觉得女人的天性就是追求变化，单一形象太无趣了，那你可以在日常生活中适当调剂，选择更休闲和时髦的衣着，打造另一种个人形象，这些不同的形象能让你诠释不同的自我，体验不同的心境。

　　正确理解不同场景中的形象规则也是建立美商的一个重要部分，这些规则并不是对美的规定和限制，而是帮助人们创造一种符合社会规范的、更为协调的美，从而帮我们融入社会，体现自身价值。从这个角度来说，美的外在表现形式，更多来自内在的文化基因和审美能力。它不仅需要你理解自己，还需要你理解社会规则、风俗民情、时代背景，当然这也需要你进一步学习和修炼，学会用不同的款式、颜色、质感表现不同的气质。

　　一般来说，亮丽花哨的颜色不太适合在正式场合穿着，那些淡雅的颜色更为妥当，比如，莫兰迪色系会让人显得温婉优雅；而放松休闲时，你的衣着可以选择更亮丽、跳脱的颜色。除了考虑颜色，还要注重款式，我们可以通过一些杂志和书籍来学习搭配技巧，提升自己的形象管理能力。

此前，我采访《优雅的重建》一书的作者郭弈翎时，她曾这样对我说："我们选衣服，要像看人一样，人品好的人才可能做朋友，衣服也必须件件质地精良，这样才配得上你。"她在书中提到了几个穿衣误区：

张爱玲的书里，多半有一张穿着高领旗袍的照片。在那个年代，人们认为张爱玲的旗袍是奇装异服。我认为，张爱玲的气质因为饱读诗书而变得卓然不群，即便是"奇装异服"，也穿出了她自己的风格。而对我们普通人来说，尽量少冒风险去驾驭有难度的衣服，当然也无须过于保守，可以多尝试。

许多女性在日常穿衣时，常有三种误区：第一种是不爱打扮，不在意形象，借口是没时间，或者说不会化妆，没钱买衣服等。我们要明白，人的气场是自内而外呈现的，每个人都喜欢美的人和物，我虽不提倡"女为悦己者容"，但希望所有姑娘都能活出自我，为自己打扮。内心绽放了，才能在心底开出花来。第二种是穿着过于隆重，去哪儿都像参加晚宴一样，只顾隆重却忽略了质感。往往买了一大堆没有质感的衣服，却没有几件精品。我曾看到一张海报，主角戴着大檐帽，穿着影楼风的晚礼服，全身能戴配饰的地方都没落下，一看就是用力过猛。而海报主角的五官可以说是明艳动人，却始终缺点高级感。可能是用力过猛的结果，也可能是本身气质压不住这样的"精雕细琢"。有时，太隆重就会突兀，得体比隆重更重要。简单干净、经典耐看的东西才会不过时。不要把所有配饰都堆在身上，耳环、项链、戒指三件配饰，平时不需要成套佩戴，留白也是一种美。在不需要艳压群芳的场合，得体就好。第三种常见的穿衣误区是过于暴露。每个行业、每个单位、每种职位，对"暴露"的理解都是不一样的。比如，有些单位要求女士的半裙必须及膝，再短就会被认为是"暴露"。对于衣着是否暴露，我的看法是：工作的时候，上半身衣服不露胸，下半身尽量避免穿着过短的裙子，如果裙子太短，下蹲或者做其他动作时都不太方便。另外，对中高管女性来说，着装更应该展示其专业能力，弱化性别概念。当然，晚宴时最好穿礼服出席。同样，在职场中凭实力吃饭的我们，也需要着装严谨。靠实力吃饭的人，不需要那么多花里胡哨的展示。

她还在书中分享了很多非常实用的着装技巧和搭配方法，能帮助女性提升自身的魅力。此外，她认为女性需要不断学习、提升自我，才能拥有良好的气质和衣品。我完全同意她的看法，我觉得，除了实操性的学习，我们还可以结合艺术欣赏来综合提高我们的审美。

如果你喜欢前卫的服装风格，喜欢明亮鲜艳的颜色，可以去看看梵高的《向日葵》《星月夜》、塞尚的《圣维克多山》《静物》、马蒂斯的《红色的画室》《舞蹈》、瓦西里·康定斯基的《点、线、面》《同心圆的正方形》，以及毕加索的《自画像》《哭泣的女人》《亚威农少女》《老吉他手》等作品，相信这些艺术作品鲜明的造型风格和浓烈的色彩会给你带来一些穿搭的灵感；如果你是一个恬静优雅的人，可以去看看莫奈的《睡莲》《印象·日出》、毕沙罗的《村落·冬天的印象》《菜园和花树》等作品，这些作品多以淡雅浪漫的色调和轻柔的笔触表现出清新的氛围。

在我看来，美具有打通自我、实现自我的能力，始于我们对理想自我形象的向往和期待，即我们想成为什么样的人，然后通过我们的兴趣爱好，我们对美的感知力，以及美对我们的滋养，让我们逐步接近理想的自我，以及理想自我的表象背后所隐藏的复杂有趣的心灵。

你知道钢琴演奏家王羽佳吗？她的演奏技巧超群，拥有极致的速度和近乎完美的技巧。她的每次演出都让观众如痴如醉，看起来也令人觉得"秀色可餐"。她通常都会身着露背礼服或超短裙，还会配上高跟鞋。在讲究高雅、端庄的音乐会上，王羽佳却敢于用"非传统"的演出服装挑战观众的视觉神经。这不禁也让我思考：到底什么是美？美的标准是统一的吗？高雅的音乐配上打破传统的着装风格，给观众带来的到底是一场赏心悦目的艺术盛宴，还是一种不太和谐的审美感受呢？就人们的反馈来看，有的观众能接受这种颇具冲突感的音乐会，还表示非常喜爱，但也有很多人提出了异议。

这一现象不仅反映出人们在美这个问题上存在多元化认知，也反映出我们的审美受到许多因素的影响，无论是约定俗成的社会规范，还是固化的审美认知，大家很少会以单一的标准来评判美，文化、社会、风俗、情感等诸多因素会让人们对同一个审美对象产生不同的感知与评价。有意思的是，绝大多数不接受这种"非传统"演出服装的人，却对王羽佳的演奏技巧都表示了认可，而王羽佳本人显然并不在意人们的评价。从某种角度讲，她的个人风格是建立在高超的专业技巧之上的，这就引发了另一个有趣的现象——如果你已经获得社会范围内的认可，你的美自然会成为你成就的一部分，即便打破了传统，也会被人接受。

所以，美是一个宏观且抽象的话题。每个人对美都有不同的感受，这基于你的成长经历、认知和知识储备，也基于你的身份、生活环境、财富水平，以及你当下的心情，尤其是在信息被无差异传播的今天，我们思考美时，还要注意不同的文化语境。

以东西方文化为例，东西方的审美因文化差异和历史背景差异而不同。在东方文化中，红色象征着喜庆和吉祥，被视为繁荣和幸福的象征；而在西方文化中，红色通常与激情、爱情和力量有关，也代表危险和警告。东方国家普遍喜欢柔和、明亮的浅色，而西方国家则更喜欢浓郁、视觉冲击力强的颜色。在音乐上，东西方审美的差异也比较明显。中国传统音乐往往有强烈的节奏感，注重音调的变化，而西方古典音乐则更注重旋律与和声的变化。在现代流行音乐中，东方国家的音乐更加注重歌词的含义和情感表达，而西方国家的音乐则更加注重节奏感和音乐性。此外，在绘画艺术方面，中国传统的绘画作品往往强调神韵和气势，而西方油画则更加注重细节和还原度。在建筑设计方面，东方国家注重建筑与自然环境的融合，而西方国家则更加注重建筑的功能性和实用性。

在跨文化交流和合作日益密切的今天，了解并尊重不同文化的审美观有助于我们相互理解、和谐共处，更好地融入不同的群体。

其实，我与朋友们聊起美这个话题时，会发现，一些朋友对此并不感兴趣。他们认为现在大家都喜欢宅在家里，那么，没有了观众，追求美也就没有什么意义了。我不同意这个说法。虽然数字技术的发展正在影响人们的生活方式和价值观，但我认为，人们对美的追求是天性中的一部分，对美的欣赏和创造已经伴随了人类几千年的历史。人们不仅追求外在的美，也会追求内在的美、精神和文化上的美。可以说，美是人们生活的一部分，对美的需求不会因为时代的变化而消失。数字技术的发展为展现多元化的美提供了更多的可能性，也推动着人们对美的追求不断升级。而且，外在的美仍然是影响人们社交和职业形象的重要因素之一，尤其是在媒体、时尚等领域。

那么，现在还有"女为悦己者容"一说吗？女性还会为了男性而装扮自己吗？其实，很多时候，女性在选择自己的装扮和妆容时，往往会更多考虑自己的喜好、职业、社交场合等因素，并非是为了迎合男性的喜好。女性有自己的审美观和审美需求，女性装扮自己更多是为了表达自己，展现自己的自信和个性。当然，这并不是说女性不应该考虑别人的建议。在社交和职业场合中，女性也要根据具体情况和规范适度调整。

说到这里，我想对前面曾提及的"颜值经济"展开探讨。"颜值经济"指围绕"颜值"而发展起来的消费产业，盛行于当下。有人认为"颜值经济"盛行是一种不健康的现象，但它其实并不存在本质上的问题，关键在于我们要如何看待和运用它。首先，颜值经济盛行一定程度上是社会分工和市场竞争导致的必然结果。如今，人们的价值观和生活方式发生了很大的变化，审美也随之变化。人们更加重视个性和自由，也更注重外在形象和社交能力，这些都会促进颜值经济的发展。其次，颜值经济也是一种主动的、积极的价值创造方式。毕竟，在现有的医疗技术条件下，人的外貌可以通过饮食、运动、睡眠、化妆技术乃至医美手段来改变，这些都是颜值经济的重要组成部分。

当然，一个人也不应该过度追求颜值。尽管外貌在一定程度上对职场和人际交往有所影响，但人生真正的价值和幸福感来自人的内心成长和自我实现。在关注颜值的同时，我们更要注重自身的内在美，通过不断学习和成长来提升自己的整体精神面貌，让自己的内在和外在都美得熠熠生辉。

那我们又该如何看待具有外貌优势的女性在职场上更受欢迎的现象呢？有时，女性的外貌确实能给她们带来一些优势，比如在面试时或销售行业中，外貌上有优势的女性更容易博得面试官或客户的好感，从而获得更好的机会和业绩。然而，这种优势的影响往往是短暂的，漂亮的女性也需要通过实际的工作表现来证明自己的能力和价值，只依靠外貌优势很难在职场上长久立足。此外，如果过分依赖外貌优势，也很容易让人忽视自己真正的能力，这时外貌优势反而会阻碍个人的长远发展。美国著名电视主持人奥普拉·温弗瑞就是一个例子。从传统审美上看，她不是一个美丽的女性，但她凭借自己的智慧、勤奋和坚定的信念，成为整个媒体界赫赫有名的人物。我相信你身边一定也有很多靠能力而非外貌取得成功的例子。

美的确是一个宏大的话题，而幸福和美是互相关联的，拥有美商是获得幸福生活的重要因素之一。感受到美好的事物时，我们的内心会变得平静、宽容和善良，感到更加幸福和快乐。而一个人能否在生活中感知美、发现美、应用美，甚至创造美，很大程度上决定了这个人是否幸福。

作为曾经的选美冠军，梅耶·马斯克明白，很多时候人们会以貌取人，所以，即便是在最落魄的时候，她也要做一个精致的女人，从来没有放弃追求对美的追求，并尽可能地享受生活。她领到薪水后做的第一件事就是为家里添置一张温馨的地毯，哪怕手头不宽裕，也要为儿子买一身好衣服。她觉得追求美不仅是为了体面的外表，更是对生活的热爱，对未来的希望和憧憬。

拥有梅耶·马斯克的这种意识非常重要。从这一点来说，我是很幸运的，很小的时候就得到了美的启蒙。我的父亲是一名画家，是他那个年代少有的大学生，在大学时学习过美术和绘画。我从小看着他画画长大，从人物画到山水画，再到油画。我记得自己上学时经常因为美术作业优秀而获得表扬，他的审美到现在依然在影响着我。除了绘画，我父亲还热爱音乐。我小时候，他经常在家里播放黑胶唱片，我印象最深的是《回娘家》《紫竹调》《太阳岛上》，直到现在，那些黑胶唱片转动的样子还会时不时浮现在我眼前，那些音乐还会时不时回响在我耳边。此外，我从小就在爷爷教导下坚持阅读，博览群书，逐渐形成了自己独特的审美观。

如今，从我的书店如何布置，到我的家中如何装潢，都是我根据自己的审美和喜好决定的，虽然这些设计也谈不上多么高级，但都能给人一种舒服、和谐的感觉。也有一些朋友说我看起来总是衣着得体、简洁大方，其实我也曾经盲目地追求潮流，尝试过不同的风格，在穿衣搭配上也交过不少学费。随着年龄的增长，我终于发现了打造个人形象的秘诀：要找到适合自己职业和身份定位的着装风格，并用一定的修饰手段扬长避短，这样整个人看起来才能恰如其分，拥有一个相对和谐的个人形象。这是现代人应该具备的一项技能。现在我在大部分场合都会穿衬衣、连衣裙或者旗袍，因为我想对外营造一种优雅、温婉、知性的感觉。我很少穿西装，因为它不太适合我。而看到我的人也都觉得这种选择非常符合我的身份和定位。

也有人会问，你每天都活得这么精致，不累吗？我只想说，精致地生活是一种美好的体验和感受。追求美是一种人生态度，也是对自己的要求。在生活中，我见过许多女性，出于种种原因，她们没法花费太多时间和精力去追求美，这样做当然无可厚非，但在我看来，能展现出自己的女性美是一件非常有意义的事。日本学者上野千鹤子曾在书中提及，她的女性意识恰恰是在身着女装后开始萌芽的。也就是说，当女性对自己的性别特征有了主动的意识，对女性价值有了思考之后，才能进一步想要去维护自己的价值。

追求美确实能唤醒女性意识的强大力量。你还记得儿时那个偷穿妈妈高跟鞋、偷擦妈妈口红的自己吗？幸福与美是人类内心最深处的需求，它们代表我们对生命的追求和渴望，它们的存在给我们带来了力量和勇气，它们也无处不在。在大自然中，我们可以欣赏美好的山川湖泊，美丽的日落和灿烂的星河。在人类文明中，我们可以感受艺术的魅力，拥有音乐、绘画、雕塑和建筑带给我们的震撼和感动。

为了在我们的生活中发掘出更多的美和幸福，我想再给你一些建议：一定要关注自己的内心世界，保持积极的心态，感受周围的环境和文化，欣赏自然，享受艺术，在生活的点滴中发掘美好，并通过自己的努力创造美好。

能通过这本书与你分享我对幸福和美的理解，我感到十分幸运。我还想给你一些关于如何将审美应用到生活中的小建议，希望能帮助你创造属于你自己的美和幸福。

家居环境：我们可以运用自己的审美打造一个舒适、美观、个人化的居家环境。不要盲目追求昂贵的家具和浮夸的设计，要学会利用软装改变家居氛围，通过选择合适的颜色、材质和家居配饰，提升居家环境的品位和美感。日常生活中还可以买一些鲜花进行装点，有时一束小小的鲜花就能点亮整个房间。

着装风格：想拥有自己独特的着装风格，首先要了解自己。了解自己的身材和外貌特点，了解自己偏爱的颜色、款式和材质。还要通过接触不同的艺术品、音乐、电影来提升自己的品位，并花一些时间了解时尚趋势。最后，还要注意着装场合和社交礼仪，在遵循社会规范的基础上展现自己的审美和个性。这样才能建立得体的个人形象，更容易得到社会的认可，也更容易在社会中找到自己的定位。

饮食：日常饮食不仅要味道好，还要有美感。我们可以花点精力研究食物的颜色、形态和摆盘方式等，用不同的餐具来搭配不同的食物，每一顿饭都要吃得有美感、有营养、有品位。

旅行和休闲：我们可以多去那些充满艺术、文化气息的地方，进行适度放松，比如探访古迹、参观博物馆、欣赏音乐会等，从中获得美的灵感，还能增加自己的知识储备，拓宽视野，获得精神上的享受。

内在修养：一个人的气质不仅会体现在外表和形象上，还体现在内在修养上。想提升自己的气质，首先要培养良好的品质，如宽容、谦虚、正直、自信等，并增强自己的社交能力，学会在人际交往中塑造自己的形象。总之，要想提高审美能力，就需要不断地学习，了解艺术，开阔自己的视野，理解美的深层内涵。通过学习和欣赏艺术、文化及自然之美，提升自己的审美能力，将美应用到我们的生活中，让自己变得更加美丽和自信。

最后，让我们在下面这首诗中体会幸福与美吧。

在生命的轮回里，
有一种幸福和美的浪漫，
它如流光溢彩的晨曦，
轻轻地穿过你我心间的窗帘。
它不是奢华的珠宝，
也不是炫目的钻石，
它是自然中的一朵花，
是心中的一份宁静。
它如微风吹拂的细雨，
让我们的心灵得到净化，

让我们的生命充满甜蜜,

让我们的人生充满魅力。

在这个瞬息万变的世界里,

我们经常会迷失自己的方向,

但幸福和美,

却是我们永恒的向往。

因为它不仅带给我们愉悦和享受,

更能给我们力量和勇气,

去迎接每一个挑战和机遇,

去创造自己想要的未来。

让我们在幸福和美的浪漫中,

去感受生命的美好和神奇,

去展开人生的华丽旅程,

去追逐自己的梦想和希望。

宸冰

延伸阅读

《优雅的重建》郭弈翎　著

/ 第19封信 /
幸福与健康

相较于身体健康，心理健康似乎更值得我们关注，拥有健康的心理状态，才能客观理性地面对生活，面对偶尔的健康问题。

亲爱的悠悠：

你好！

前面咱们已经聊了很多与幸福有关的话题，今天我要聊的可能是最重要的一个话题，那就是健康。

健康是幸福的重要基础，只有身心都健康的人才能真正感受到生命的美好。尤其是在新冠肺炎疫情出现后，很多人会突然意识到自己的身体竟如此脆弱，我们并没有想象中那么无坚不摧。在非常态的环境中，人们的焦虑会日益加重，这是时代快速发展所带来的现代病。当我们身体健康时，思想和情感会更趋于稳定、平和，也能更好地享受生活和追求幸福。同样，当我们感到幸福和满足时，身体也会更加健康，能更积极地面对生活中的挑战。因此，探讨健康与幸福的关系，就是探究如何从身体和心灵两个方面获得健康。

有趣的是，一项调查显示，女性比男性更加重视自己的身体和心理健康，这也是女性平均寿命比男性长的原因之一。在讨论女性的健康之前，我们要了解什么才是真正的健康。对于健康，世界卫生组织给出了这样的定义："健康不仅指一个人的身体没有出现疾病或虚弱的状态，也指一个人在生理上、心理上和社会上都处于良好的状态。"也就是说，一个人在身体、心理、社会适应等方面都功能健全，才算是一个健康的人。这其中有哪一项最为重要？在我看来是心理健康。

你听说过中国残疾人联合会主席张海迪的故事吗？从身体健康的层面来看，她的境遇无疑令人感到遗憾，但是她凭借自己超强的毅力和聪慧的头脑，站在了世界舞台上，展示出女性的风采，你能说她的心态不健康吗？反之，现在有很多年轻漂亮的女孩，不努力学习、工作，反而总想着靠别人、走捷径，你说她们的心态是健康的吗？

可见，就算一个人的身体存在残缺或疾病，但只要有健康的心态、坚强的意志和丰饶的精神世界，就能更从容地面对生活困境，也更容易获得幸福的生活。反之，一个看上去四肢健全的人，心理却不健康，时常焦虑、抑郁，甚至出现极端情绪，他的身体也可能会出现各种各样的问题，也就谈不上幸福了。所以，在我看来，对现代人而言，心理健康比身体健康更为重要。而且，有了健康的心理，你才可能客观理性地面对自己的身体问题。比如，有的人无法接纳自己的衰老，随着年龄的增长，心理压力越来越大，甚至加剧身体上的不适，但我们要知道，衰老只是一种自然现象，每个人都需要面对；还有很多人会产生容貌焦虑，这在本质上也是一种心理问题，有人可能会冒着健康风险选择通过医美手段应对容貌焦虑，但不是最根本的解决方式。

心理健康的核心是你要拥有一个稳定的精神世界，正向地面对生活，自如地与他人相处，怀抱接纳之心面对自我，甚至达到自足的境界。

作为全美最受欢迎的精神科医生之一，被誉为"大脑健康之父"的丹尼尔·亚蒙在《女性脑》一书中写道：

> 相对于男性，女性的额叶皮层和边缘系统更大。记住，额叶涉及许多更高层次的认知功能，其中包括语言、判断、计划、控制冲动和责任感。而边缘系统涉及情绪反应。这或许可以解释为什么女性较少会冲动，比男性更在意情绪，以及为什么她们忙碌的大脑总会不停地担心。这或许也可以解释为什么女性脑具有那些关键性的优势，比如直觉、合作、自控、共情和适度的担忧。

作为女性，当我们受到情绪困扰时，应该意识到，一定程度上是受生理机制影响的，就可以用正确的态度去处理情绪了。在此基础上我们再进行有针对性的干预和处理，接受自己可能出现的情绪，学习处理情绪的方法，逐步学会控制和调整情绪，慢慢形成一个正向循环，减少情绪化带来的负面影响和对身体的伤害。

在人体的情绪机制中，大脑占据了举足轻重的地位，可称得上器官之首，可大脑的健康却被我们长期忽视。大脑的健康与我们的心理健康密切相关，如果大脑出现问题，就可能会导致抑郁、焦虑、失眠等心理疾病。大脑的健康还与认知障碍方面的疾病密切相关，只有保持大脑健康，我们才能有良好的认知能力和心理状态。与男性相比，女性大脑的认知功能会表现出更强的联结性和整体性。正因如此，女性比男性更容易患上阿尔茨海默病等认知障碍疾病，所以女性更应该经常关注自己的大脑健康，因为大脑的健康甚至决定了我们生命的质量。

大脑的健康是心理健康的基石，只有形成了稳固的基础，我们才能具备良好的心理状况和稳定的精神内核，进而构建出积极丰饶的精神世界。

在这一点上，杨绛就是一个典型。丈夫与女儿相继离世后，独自一人生活的杨绛也经受了与其他老年人类似的境遇，身体机能开始逐渐退化，但她依然拥有丰富的精神世界。她希望能整理钱锺书的遗稿，并将此视作自己的使命和追求。因此，她克服了许多生理层面的困难，强大的意志力让她在101岁高龄时仍致力于这项工作。无独有偶，被称为"中关村玫瑰"的李佩也是这样的一位女性。在60岁时，她出任中国科学院研究生院（后更名为"中国科学院大学"）外语教研室主任，培养了新中国最早一批硕士、博士研究生。在经历了中年丧夫、老年丧女之后，独自一人生活的李佩，将自己的生命奉献给了科学和社会。她用辛勤的工作和坚定的意志应对病痛、寂寞和悲伤，为我们诠释了什么是没有被年龄局限的人生。

在为这些伟大的女性感动时，我也希望你能意识到，具备强大的心理，以及精神上的追求，才是女性拥有丰富内心世界的基础。我们都会面对人生百态和生老病死，但是没有什么能浇灭我们的生命之灯，我们要把自己投入更广阔的天地中，让自己的内心更强大、更健康。

我的一个师妹在国外留学时曾经遇到一位80岁的老太太，老人坐着轮椅，行动不便，但丝毫不影响她与人热烈地讨论《自然》杂志上的论文。老人针对如何保护濒危动物热忱地发表了自己的看法。师妹说，在那一刻，她完全忘记了这是一位行动不便的高龄老人。老人的心态比很多年轻人都健康，她的热忱源自其精神上的追求。倘若一个人找到了让自己能沉浸其中的事物，无论身体上的病痛会带来什么样的阻碍，他都能过上幸福的人生。

许多研究表明，有一部分疾病是由心理问题导致的，比如，长期的压抑和焦虑会导致免疫力下降，从而让人更容易患上流感。高达80%的乳腺癌患者有不同程度的抑郁症，而根据世界卫生组织公布的相关数据，癌症患者的抑郁症发病率介于20%至45%之间，大大高于普通人群的发病率，乳腺癌患者的抑郁倾向尤为明显。患上癌症后，手术、化疗等治疗过程也会影响人的心理和情绪，如果陷入恶性循环，患者的身心都会受到不良影响。还有研究表明，一些癌症患者往往会在治疗期间出现抑郁症的症状，这些患者会出现厌食、易疲惫、失眠、易焦虑、易怒等病征。

事实上，这些躯体及心理上的"抑郁指标"，在未患重病但整日疲于奔命的都市人身上也越来越常见。在西方，一些专家给惯于克制情绪、备受压抑折磨的人贴上了"癌症性格"的标签。而在中国，《黄帝内经》早就对"七情致病"有过详细的论述，即在极度的喜、怒、忧、思、悲、恐、惊等七种情绪的影响下，人会因内脏功能失调而致病。现代医学也发现，不良情绪会影响内分泌系统，降低人体的免疫力。

我的一位听众小美在参加宸冰书坊举办的线下读书会时分享了自己的故事。她从一个小县城考上了一所北京的大学，毕业后，顺利进入一家互联网企业工作，工作待遇和工作环境都不错。在家人和朋友的眼里，她无疑是个成功的女孩，她也觉得自己很幸运、很幸福。渐渐地，她的生活开始一成不变：每天早上起床后就去上班，下班回到家里就一个人边吃外卖边看电视剧，或者是玩手机、打游戏，最后在疲惫中入睡。即便是周末，她也常常只会闷在家里打游戏。久而久之，这种单调乏味的生活让她感到沮丧、无聊，本来就不太爱说话的她，逐渐变得更加沉默寡言。

有一天，小美突然感觉自己身体不适，于是去医院检查，结果让她非常惊讶——她患上了乳腺结节。医生说，如果不抓紧时间进行治疗调养,病情可能会加重。这个结果让小美手足无措。后来,小美还患上了轻度抑郁症。

拿到心理检测报告的小美开始反思自己的生活,并在无意中听到了我的节目。我在节目中分享过许多优秀女性的故事,也推荐过一些优秀的图书。在某期节目中,小美听到我说:"我们应该关注生活中真正重要的事情,关注自己的精神生活,关注那些更有意义而美好的事物,而不是每天都被琐碎的小事困扰,浑浑噩噩地陷入混沌中。"

我讲述的故事和建议给了小美很大的启发,她决定向那些优秀的女性学习,勇敢地面对生活、改变自己。闲暇时间,小美不再闷在家里,她为自己制定了阅读计划,并给自己报名了健身课程,用阅读和运动让自己的生活变得丰富起来。这些新的兴趣爱好还帮助小美打破了生活圈,她开始主动结交新的朋友。

时间一天天过去,小美发现自己越来越自信,很久都没有再胡思乱想和焦虑了,她每天都过得充实且忙碌,整个人都精神了,领导和同事都觉得她既有趣又能干,她在公司也越来越受到重视。过了一段时间,她去医院复查后得知,自己的身体已经恢复了健康。

当重新焕发活力与自信的小美坐在宸冰书坊真诚地讲述自己的经历时,在座的所有人都被她深深地打动了。我们也许无法改变自己的基因,无法控制身体中细胞与病菌,无法精准地把控所有器官的健康状况,但是我们能让自己拥有健康的生活习惯,让身体机能良好地运转。我们也许看不懂医学名词，不了解复杂的病理机制，但是我们可以理性、积极地面对疾病，从而解决身体上的问题，保持健康。

小美的经历在现实生活中并不少见，除了因生活空虚、无意义感而引发心理健康问题，进而产生生理疾病之外，有的人会还因为压力太大而患上疾病。很多人在工作中承担了巨大的责任和压力，时常要在短时间内完成复杂而紧急的任务。时间久了，他们的身体和心理状态都会发生改变，比如经常失眠、情绪低落、对挫折的耐受性变差等。当压力变得越来越难以承受时，就会出现疾病。有一些女性因为在感情方面较为被动，容易产生严重的不安全感，这样的情感依赖会引发焦虑和紧张等不良情绪，进而影响消化系统的功能，甚至会影响心脏的健康。还有一些女性则过于关注他人，把全部的心思都放在了家人身上，却忽略了自己的身心健康，过于操劳，身体一旦出现问题，不仅自己遭受痛苦，还会让整个家庭陷入困顿。

看到这里，你应该明白了，健康问题看似是一个简单的医学问题，其实关乎人生态度。我们拼命地工作，想获得更多的名利，可能一时顾不上考虑健康，还天真地以为自己的身体禁得住这样的操劳，但总有一天，你忽略的问题会以某种令人意外的方式让你付出代价。因此，我们需要构建正确的健康观，在此基础上还要培养一些有利于健康的生活习惯。

面对健康问题时，有一种人的态度是不在意，他们觉得身体出现一点问题是很正常的，迟早都会好起来；另一种人的态度是过度关注，他们随时随地都在留意自己的健康状况，一旦出现问题，就变得非常焦虑。这两种态度都不可取。

在我看来，正确的健康观要关注健康、预防疾病，有意识地保持健康的生活方式，比如健康饮食、适量运动、作息规律等，还要时常关注心理、人际、情感等多方面的状态，及时察觉，如有异常要立刻进行调整。此外，我们还要意识到，健康状况是动态的，我们的心情、年龄和生活环境的变化都会引发身体上的反应，所以我们要具备一些相关的常识，对中西医的治疗理念都具备一些基本的认识，在了解个体差异的基础上，关注自己各个方面的健康情况。

有句话说得很有道理："就算得病，也要做一个合格的病人。"身体出现问题时，不要讳疾忌医，要真诚地寻求专业医生的帮助，遵从医生的建议积极配合治疗。不论患上什么样的疾病，都要保持冷静和理性，不要过于焦虑或恐慌，因为我们的态度和做法在很大程度上会影响疾病的康复速度。此外，我们还要认识到，康复是一个过程，不是一蹴而就的，要有耐心、能坚持。总之，无论什么时候，都要科学理性地对待自己的身体和心理，这是我们提升生活质量和幸福感的重要基础。

硅谷投资人吴军博士在评价《长寿：当人类不再衰老》一书时写道：

这是给当代人的生活指南。长寿一直是人类的愿望，直到近几十年才得以实现。不过，当今人类追求的不仅是延长生命，还有活得更健康，在老年时期保持青年时期的身体状态。这本书从生活方式、工作模式、消费习惯和医疗保健等方面系统地论述了人如何能够长寿，如何能够保持健康活力。同时，它也系统地讲述了老龄化产生的社会问题和我们应该采取的应对办法，包括投资理财、防范风险等。这本书会给我们带来巨大的启发，推荐大家仔细阅读。

我拿到这本书后便迫不及待地读完了，它给了我很大的启发。作者大卫·辛克莱和马修·拉普兰特的在书中写道：

影响我们寿命长短的最关键的日常决定，与我们所吃的食物息息相关。如果在吃早餐时知道血糖很高，你就不会在早晨喝咖啡时加糖；如果在吃午餐时知道身体缺铁，你就会点一份菠菜沙拉来补铁；下班回家后，如果你没机会晒太阳以获得每日所需的维生素 D，你也会知道这一情况，可以喝一杯加奶果汁来解决问题；如果你在路上知道自己需要 X 维生素或 Y 矿物质，那你不仅能知道你需要哪种物质，而且能知道在哪里可以买到。

生物学统计方法和分析已经告诉我们该什么时候锻炼、

运动量多大，它们也会越来越多地协助监测锻炼或缺少锻炼对我们的影响，以及我们的压力水平。它们甚至还能监测喝的液体和吸进去的空气对我们身体和化学机能的影响。我们的设备将会越来越多地提出建议，告诉我们需要采取什么措施改善那些未达标的血液生物指标，比如散步、冥想、喝绿茶或更换空调滤网。这些将会帮助我们对我们的身体健康与生活方式作出更好的决定。有一些公司正在处理数十万次血液检测的数据，将它们与客户的基因组进行比较，并向客户提供饮食和如何真正优化其体质的个性化建议，这一切为时不远了。

我十分认同作者的观点。当下社会，庞杂的信息正越来越深地影响着我们看待健康问题的方式，在未来的某一天，如何甄别信息的真假可能才是最大的难题。从畅谈"菌群效应"的华大集团 CEO 尹烨，到认为"衰老是一种疾病"的大卫·辛克莱，总有人在健康这一议题上始终走在前面，不断提出新的命题。我们也要时常更新健康方面的知识，科学地面对相关问题。

最后，我还想和你聊聊女性都比较关注的一点——容貌、身材与健康的关系，这也是困扰很多女性的问题。几乎每个女性都会有容貌焦虑或身材焦虑，我也一样，面对日渐松弛的皮肤和逐年发福的身材，我也会苦恼。但我更倾向于通过运动、保养等方式来应对它们。我会把钱花在购买保养品上，也会阅读相关的书籍，如《黄帝内经》《我们为什么要睡觉？》《贪婪的多巴胺》《吃货的生物学修养：脂肪、糖和代谢病的科学传奇》等图书，学习一些基础知识，结合这些知识关注自己身体的变化，继而调整自己的保养方式。久而久之，我发现，这种做法确实有一定的效果，我的免疫力和精神状态都有了很大的提升，女性特有的生理期腹痛、内分泌失调、皮肤干燥、脱发等问题也都得到了有效的缓解。这让我的容貌焦虑减轻了，让我能够更加从容地面对衰老了，也让我的身心状态都处于良性循环中。

随着年龄的增长，我发现自己的新陈代谢变慢了，腹部也因久坐而逐渐堆积脂肪，于是我开始在每天早上起床后进行40分钟左右的锻炼，这会让我一整天都充满活力，也不会因为顾虑身材而拒绝美食。坚持一两个月后，我惊喜地发现了变化：我的身材变得紧致了，整体的精神状态也有所提升。这让我深深地体会到了运动的乐趣和好处，身心健康也得到了很大的改善。

作为女性，我们的健康与美密切相关，所以很多女性都十分关注健康问题。但与此同时，我们也要从容理性地面对身体上那些因年龄而发生的改变，避免因过度追求美而产生健康问题，比如因过度节食和过量运动导致的营养不良、身体机能下降等。对那些名目繁多的医美手段，要充分做好功课，认真评估其必要性和后果，千万不能脑子一热就盲目尝试，以免给自己的身体留下健康隐患，甚至带来不可挽回的损伤。

亲爱的悠悠，不知道你发现没有，在这封信中，我与你讨论的不仅是一些关于健康的具体话题，更是一种关于健康的态度。事实上，在讨论每一个与幸福相关的话题时，我都希望你最先感受到我的态度。我希望你能意识到，不同的态度会导致不同的行为和结果。面对健康，如果有积极的态度，自然就会关注自己的身体和健康状况，也会更积极地培养良好的生活习惯，也就更可能看到生活中的美好，更积极地应对生活中的挫折。这对我们的健康都是有益的。

希望我的这封信能够为你带来一些启发。最后，祝你能通过不断地实践、思考获得一些洞见，获得身体和心灵的双重健康，并始终拥有幸福。

宸冰

▲ 延伸阅读

《女性脑》［美］丹尼尔·亚蒙　著
《黄帝内经》
《长寿：当人类不再衰老》［美］大卫·辛克莱［美］马修·拉普兰特　著
《我们为什么要睡觉？》［英］马修·沃克　著
《贪婪的多巴胺》［美］丹尼尔·利伯曼［美］迈克尔·E.朗　著
《吃货的生物学修养》王立铭　著

/ 第 20 封信 /

幸福与成长

成长就是一场不停歇的生命旅程,每天、每时、每刻,在时间的不断流逝中,在自然的四季更替中。无论是主动获取还是被动接受,成长都无处不在。

亲爱的悠悠：

你好！

时间过得真快啊，不知不觉中，我已经给你写了十几封信。现在，我想和你谈谈始终决定我们的幸福，并在所有关键问题上都有着重要作用的事——成长。

给你写这封信的我已经50岁了，我曾经认为50岁离我很遥远，也从未想过自己到了这个年纪会是什么样子，在我小时候的那个年代，50岁的人就算老人了。对女性来说，到了这个年龄几乎意味着你的一生再也不会有什么惊喜、浪漫和美好了。可是，此刻的我完全没有这样的感觉，我甚至觉得现在是我一生中最美好、最幸福的时刻。我想，之所以有这样的变化，不仅因为当下社会对人的年龄更为包容，而且更重要的是，我发现，没有被年龄束缚的人往往一直都在成长，这里所说的成长包含多个维度。每个人在成长过程中都有不同的经历和感悟。我接下来要讲的这些人生故事里也有着不同的成长痕迹，希望它们能给正面临成长压力的你带来或多或少的启示，让你不恐慌、不害怕，从容地享受属于每一个年龄阶段的幸福。

对大部分女性来说,成长过程中都会遇到许多挑战,面临很多困境,比如,始终找不到自己的使命和价值,在职场或家庭的选择中左右为难,不知道是不是该选择婚姻和生育,等等。在之前的信里我提到过这些问题,但系统地看,这些话题其实都关乎个体的成长。

一个人从少年到老年,过程中的所有瞬间都值得关注,也会遇到层出不穷的问题,但有一些问题会对我们的成长和发展产生深远的影响,就像一棵大树,有根、枝干、树叶和花朵,但枝干会决定它的生长走向。

在我看来,关于成长,我们首先需要认真思考的问题就是,你想成为一个什么样的人,你的自我认知和自我价值建立在什么样的标准上。事实上,在每个女性的成长过程中,都有无数因素影响着我们对这些问题的思考,我们始终在寻找真实的自己,不停地用各种方式证明自己的价值,从而建立起自我认知与自我认同感。对女性来说,如果不具备强大的自我认知与健康的心理状态,不能实事求是地对自我价值进行判定,就会带来很多问题。这些问题反过来又会影响和干扰我们对自我价值的判断,许多女性都因此而深陷于痛苦和麻烦之中。

你可能会问我,到底应该先解决哪些问题呢?如果不解决思想上的问题,现实中的行动可能就会受到阻碍;但倘若只关注思想上的问题，现实问题又会一直存在。其实，只有不想直面现实、不愿意寻求改变的人才会执着于次序问题，因为提出一个看似无解的问题，本身就意味着推卸责任，逃避现实。

我身边就有一些这样的朋友，他们十年如一日地陷入同一个问题，生活因此充满烦恼，但总有各种不能作出改变的原因和理由，让旁观者觉得很无力，他们自己也很难感受到幸福。最关键的并不是他们的问题有没有得到解决，而是他们看待问题时怀抱什么样的态度——他们往往会走极端，以非黑即白的态度面对一切，所以，他们的拖延症其实是矫枉过正的完美主义在作祟。

新的社会环境还给女性带来了新的问题。有的人自身成长并没有跟上社会的变化与时代的要求，虽身处 21 世纪，观念却像是停留在几百年前；有的人则会一味地追求走在时代的前端，因此将传统文化宣扬的女性特质全盘丢弃。如今虽然女性平权运动正在蓬勃发展，女性争取自身权益的意识有所提升，地位看起来也有一定的提高，但就现实来说，女性依然面临着性别歧视、职业发展"天花板"、家庭和事业难以兼顾、缺乏话语权、利益分配不公等多种问题。面对这些问题时，女性往往会采取上文中"走极端"的态度，陷入非黑即白的思维陷阱，开始迷茫和纠结。因此，在我看来，我们不妨将"女性中庸主义"作为新的成长方向。

"女性中庸主义"，就是一方面要学习西方女权主义中那些先进的、系统的、涉及宏观思考的内容，另一方面要结合中华传统文化中女性善良、温婉、坚韧和内敛等特质，基于个体的生理、心理情况和社会时代背景，建立起全新的文化与意识体系。尽管我们在制定这套体系时，不可避免地要参照男性社会的评价标准，但我认为可以在其中加入更多女性特有的优秀品质，从而中和那些男性气质。

广受大家喜爱的叶嘉莹教授，就是一个始终践行"女性中庸主义"的人。叶嘉莹是南开大学中华古典文化研究所的所长，也是研究中国古典诗词的大家，被誉为"中国最后一位穿裙子的女士"。她曾获得2020年度"感动中国人物奖"。组委会的颁奖词是这样的："继静安绝学，贯中西文脉。你是诗词的女儿，你是风雅的先生。"

叶嘉莹自幼便受到了良好的教育，也经历过战乱和漂泊。20世纪60年代，她前往美国、加拿大等地讲学，这些经历进一步加强了叶嘉莹追寻自我价值的理念。在异国他乡，她依然致力于中华诗词的传承。对她来说，诗词研究不仅是她追求的目标，更是她在精神和意志上的能量源泉。在无数绝望的至暗时刻，她总能从古典诗词中汲取美好和力量，让自己一次次地振作起来。

叶嘉莹曾在自传中写道：

母亲去世的时候，我在北平沦陷区，家国的苦难让我体会到生命的无常。父亲去世后，我再也没有一个长辈的家人了。谁想到我经历了这么多的苦难之后，我的女儿也遭遇不幸……经过这一次大的悲痛和苦难之后，我知道了把一切建立在小家、小我之上不是我终极的追求、理想。我要从"小我"的家中走出来，那时我就想："我要回国教书，我要把我的余热都交给国家，交付给诗词。我要把古代诗人的心魂、理想传达给下一代。"

带着这样的想法，叶嘉莹在 1979 年回到了中国，开始在北京大学、南开大学等多所院校教授中国古典诗词，为众多年轻学子和读者搭建起"走进诗词的门径"。

叶嘉莹一直过着"一箪食、一瓢饮"的朴素生活。为了推广诗词教育，她在 2018 年将自己的全部财产捐赠给南开大学教育基金会，建立了"迦陵基金"，支持中华优秀传统文化研究，当时已完成初期捐赠 1857 万元。2019 年，她再次向南开大学捐赠 1711 万元，累计捐赠 3568 万元，这是她毕生的积蓄。出现在公众面前的叶嘉莹总是那么温婉淡然，研究古典文学不仅让她博学多才，还让她拥有了一种优雅的风度。在她的眼里，人生的意义不仅在于追求个人成就，更在于对社会和他人的贡献。

叶嘉莹从未以极端的态度看待她所经受的磨难与打击，也从未停下过前进的脚步，这是她践行女性中庸主义的体现。她没有被社会潮流左右，独立而理性，力图实现自我价值，但她身上也有着超然的温婉和从容，愿意以大爱之心面对世界。以这种中庸之道行事，是君子之为，是个体生命在全球化浪潮和人类文明进化过程中主动选择的结果，是让现代人重新找到人生意义一种绝佳方式。所以我期待所有女性都能认真思考女性中庸主义的价值，并在生活中以此为标准行事。面对世界时，淡然从容，不再焦虑，不追求完美主义，不去攀比，用更多的精力和时间来提升自我，并丰盈自己的精神世界。

在现代社会，女性在各行各业都发挥着重要的作用。有越来越多的女性在科技、商业和政治等领域担任要职，比如，全球知名公司IBM的首席执行官金妮·罗梅蒂，她是商界最杰出的领导者之一，她的领导风格十分民主。在有了适当的信息和资源后，她倾向于与团队讨论并作出决定，通过民主领导来提高团队的效率。此外，她对团队成员十分包容，每个人都能对决策发表意见，这让员工感觉公司更像一个家庭，进而对工作更加忠诚、高效。罗梅蒂用自己卓越的领导力带领IBM实现了转型和业务增长。

此外，还有一些女性政治领袖，她们不仅具有强大的执行力和决策力，而且充分展示了女性温和、坚韧、包容、有耐心的领导方式，她们在处理问题时比男性更加耐心细致，在遇到危机时，也能保持冷静，并积极寻找解决问题的方法，她们的作为有助于社会在更大的范围内实现和谐与稳定。德国前总理安格拉·多罗特娅·默克尔就是其中之一。

默克尔出生在德国汉堡的一个牧师家庭，从小就是一个勤奋好学、有责任心和好奇心的孩子。在她的成长中，母亲是她最重要的导师和支持者，一直鼓励并支持她在学业和个人生活上不断追求更高的目标和成就。母亲严格的要求和悉心的关爱使默克尔成长为一个自信、独立、有责任心的女性，还让默克尔认识到，女性在社会中也可以获得地位并担任重要的角色。她逐渐成为一个为女性权益发声的政治领袖，在职业生涯中，一直都致力于推动性别平等。

默克尔的家里有很多图书，因此她从小就热爱阅读，接触了很多文学作品和哲学思想。如德国作家托马斯·曼的《魔山》和赫尔曼·黑塞的《荒原狼》等，这些作品对她的思想和人生观都产生了深远的影响。默克尔对知识和学术一直很有兴趣，她曾在莱比锡大学学习物理学，还获得了博士学位。这些经历为她的执政生涯提供了坚实的思想基础和强大的理论支持，也成了她的独特优势。

但默克尔的成长过程并不是一帆风顺的，她在学校中还经常遭受同学的欺凌和排斥，她的家庭也曾面临过困难。尽管如此，默克尔也从未放弃过自己的理想和目标。在政治生涯早期，默克尔经历了许多挫折和失败——事业发展缓慢，还受到男性同事的不公平对待。但是她没有退缩，只是坚定地走自己的路，不断尝试和学习，争取机会和话语权。随着时间的推移，默克尔不断提升自己的能力和影响力，最终成为德国第一位女性总理。在她的领导下，德国政府推行了一系列重要的政策。默克尔在政治领域的成功，向世人展示了一个女性成长的范本：坚持自己的理想，不断学习，不断尝试，不断前进，最终实现目标。她的成功也告诉我们，女性的成长道路虽然充满了挑战和困难，但是只要我们有坚定的信念，并不懈地努力，就一定能实现自己的梦想。

除了在各行各业发挥重要作用之外，女性在家庭和社区中也有举足轻重的作用。在家庭中，女性往往承担了照顾孩子、打理家务的重任。女性的温柔、包容等特质是一个家庭能够幸福的基础。并且女性更乐于参与公益活动，让整个社会更加和谐。

总之，女性想要成长，首先要对个人价值有明确的追求，然后不断地进行修正和调整，换句话说，你得先有一个方向，然后才能在这个方向上思考和践行。

有了清晰的方向，又该如何去实践和调整呢？我们可以从叶卡捷琳娜二世的人生经历中得到一些启示。

叶卡捷琳娜二世的母亲一心想生个男孩，当发现自己生了女孩时，她无比失望。对于这个孩子，她几乎没有尽过一个母亲的责任，一直不闻不问，甚至没怎么抱过她，这给叶卡捷琳娜二世带来了极大的伤害。后来，叶卡捷琳娜二世的弟弟出生了，备受母亲宠爱，母亲对待姐弟俩的态度简直天差地别，这让叶卡捷琳娜二世又绝望又愤慨。在《通往权力之路：叶卡捷琳娜大帝》一书中，作者这样写道：

这种怨恨不仅仅意味着索菲娅对母亲极大的愤慨，约翰娜无遮无拦的偏心对幼年的索菲娅所造成的伤害，在索菲娅的性格中留下了深深的烙印。在童年时代遭受的排斥，可以帮助我们理解她为何在长大成人后始终不断地寻求着自己曾经缺失的东西。即便在她成为叶卡捷琳娜女皇的独裁统治时期，她也仍旧希望人们不单单只是钦慕她非凡的智慧，或者因为身份而对她毕恭毕敬，她始终都在渴求人与人之间的温情，正如弟弟从母亲那里得到，而她却不曾得到过的温暖一样。

这样的经历，让年幼的叶卡捷琳娜二世开始努力学习，奋力成长。她一方面学习各种知识，表现得十分独立，另一方面也因母亲的打压而不得不学会恭顺和掩藏自己的想法，这种顺从在日后的宫廷生活中给了她很大的帮助。但是童年的经历对她的自我认知也产生了一定的消极影响，她选择靠婚姻逃离母亲和家庭。她起初认为，女性的价值就是结婚生子，只有依靠男人才能改变命运。婚后，她面临的是一个女人的噩梦：丈夫不喜欢她，甚至十分讨厌她。对女性来说，在婚姻关系中被对方否定是一件很痛苦的事情，但她非常清楚，丈夫对她的态度不会影响到她的身份和地位，她的美貌和智慧也并不会因此而变得一无是处。于是，她把时间用在阅读、学习和社交上，并逐渐拥有了自己的声望，进而消除了人们的偏见和质疑，慢慢发展出了自己的势力，找到了支持自己的盟友，最终赢得了民众的信任，在关键时刻获得支持，一举登基，成为俄国女皇。

叶卡捷琳娜二世的成长经历让我们看到，一个人的自我认知是面对这个世界的基础，减少外界环境对自我认知的影响，是我们成长的第一步，也是最难的一步。当然，自我认知也会随着时间发生变化，但我们一定要有这样的概念，即我是什么样的人，不是由别人决定的，而是由自我认知决定的。只有不断地学习、观察、思考，才能形成真实客观的自我认知，进而获得行为上的结果。如果你想成长，想达成自己的目的，就要认识自己，开始行动，并一往无前。

那么，在对自我认知不断调整的过程中，我们还需要注意什么呢？我认为，要深刻地了解自己的优点和缺点，既不自卑，也不自我陶醉，学会接受自己的不足，不停地提升自己，不断地成长和进步。很多女性在青少年时期可能都会遭受很多的打击和否定，那么，在负面评价中找到真实的自我，拥有强大的心理内核更是成长的关键。我们不能任由他人的评价毁掉我们的自信，要分辨出哪些是真正关心你的人，哪些是想打击你的人，哪些又是在无意中伤害你的人，这样我们才不会陷入盲目的自我保护，变成碰不得的"刺猬"。我们要学会从他人的评价中汲取正能量，避开负面评价的影响，不要因此而自卑和自我否定。

我小时候并不是很自信，但我始终谨记爷爷的教诲——人的一生要与书为友。在书籍的陪伴下，我走过了青葱的少女时代，经历了热血奋斗的青春年华，也取得了一些成就，之后步入了成熟、淡然的中年时期。现在想来，这一路的酸甜苦辣都是成长的历练，但有书为伴，我的整个旅程也就变得没有那么艰辛了。无论遇到什么困难，只要我回到书的世界，就能得到片刻的喘息，也有了重新出发的勇气，就算没能获得世俗意义上的成功，我也不会灰心丧气，因为阅读让我拥有了很强的自我意识，以及一套不盲从的自我评价标准。和他人的评价相比，我更在意自己是否在做自己喜欢和热爱的事情。正因为如此，我放弃了高薪和光鲜的舞台，投身到推广阅读的事业中来。很多人都问过我有没有后悔，我的答案是否定的，我觉得这是一份很有价值的事业。

我们离开这个世界时带不走任何东西，只有留下来的，才能体现我们此生的价值和意义。幸福不在于你得到了什么，而在于你给予了什么，豪宅名车、锦衣玉食带来的幸福感，远远不及内心的平静和满足。如果说幸福是一种感觉，一种从内心深处生出的喜悦和满足，那么它更应该源于我们对生活的热爱和对他人的关心。当我们帮助他人实现自己的梦想，为他人创造幸福时，我们自己也会感到幸福和满足。

2016年，一个早年因贫困辍学的河北农村女孩偶然间听到了我的节目，她从中得到启发，开始不断阅读。两年后，她孤身一人来到北京打工，找了一份地铁安检员的工作，并将省下来的钱用于买书和看展，拥有了自己的"精神避难所"。2018年3月，在宸冰书坊，我和这个女孩第一次见面了，她向我讲述了自己的故事。她从小就没有见过亲生母亲，只是听说母亲因为生了女孩而被迫离家。她从小就要做各种家务，还要照顾生病的父亲和其他长辈，这样断断续续地上完了小学。后来被迫辍学，在家务农、照顾家人。当她听到我在节目中讲述的那些优秀女性的故事后，她有了梦想和希望，下定决心要通过阅读改变自己的命运。

听了她的故事，我无比动容，忍不住流下了眼泪。当我问及她接下来的打算时，她告诉我，她想去国家图书馆当保洁员。我非常惊讶，因为那并不是一份薪水很高的工作，而她却说："我只想离书更近一点！"她的话让我大受触动，我毫不犹豫地对她说："那我非常欢迎你来宸冰书坊工作，这份工作不仅离书很近，而且还能帮助更多像你这样有梦想的孩子。"后来，这个女孩在宸冰书坊成了一名专业的阅读服务工作者，并负责宸冰书坊公众号的内容制作和运营工作。她每天都带着自信的笑容投入工作，她希望通过这份自己热爱的工作，让更多年轻人像当年的她一样，在持续阅读中一点点地改变人生。她还因为乐观的心态和写作上的才华结识了一个男孩，最终拥有了一个美满的家庭。看到她朋友圈中那些洋溢着幸福的照片时，我由衷地为她感到高兴。在成长的道路上，没有什么能左右我们的命运，创造幸福的权力就在我们自己手上。对我来说，这个女孩的经历给我上了一堂成长课，也是我选择这份事业的意义所在。

回顾自己的成长之路，我发现，在我们每个人的成长中，可能都需要面对外界的影响和压力，还有各种挑战和困难，它们会对我们的情绪产生负面影响。只有不断积累经验，拥有强大的心理和自我意识，我们才能更好地应对这些影响。我们还要学会适时地放松休息，培养自己的兴趣爱好，比如瑜伽、冥想、阅读、音乐等，以缓解压力，放松身心。

在成长中，我们还要注意身心的健康。拥有健康的思维方式与心理状态，我们才有可能承担成长的代价。健康是一切的基础。我们要养成良好的饮食习惯和运动习惯，让身体保持健康的状态，还要关注自己的心理健康，保持良好的心态。

在成长中，我们也要关注自己的人际关系和社交能力。我们要学会和他人进行有效的沟通和交流，学会处理人际关系中的冲突和矛盾，学着在不同的社交场合中表现自己，懂得拓展人际关系。这些都是十分重要的能力。

在成长中，我们还要关注自己的职业发展和学习能力。在当今社会，学会读书、读人、读世界都非常重要，女性不仅要拓展自己的知识面，还要提升自己的眼界，增加自己的见识，学习全局思考的能力，保持好奇心和探索精神，不断地挑战自己，这样才能发现新的机会。

在成长中，我们也要关心身边人的感受。很多女性不断成长后发现，自己身边的男性还在原地踏步，便会感到失望。其实，成长还包括学会尊重每个人的生活方式和选择。我们应该以平和开放的心态对待身边的人，求同存异，多沟通交流，用自己的行动感染他人，让他们看到你的成长所带来的美好，进而更愿意与你一起努力尝试，共同成长。

此外，我们还要把控好自我要求的尺度。我发现，很多女性对自己的要求和期望都很高，希望能在各个方面都表现出色，获得他人的认可和尊重。然而，我们必须意识到，过高的自我要求会带来负面影响。我们会因此而焦虑，产生挫败感和失落感，甚至影响身心健康。所以，我们要学会适当地调整对自己的要求，明确自己的价值观和生活目标，避免因过度追求成就而忽略内心的需求。还要正视自己的不足，合理规划成长路径，在紧绷和松弛中寻求平衡。同时，我们还要学会适时寻求帮助，与家人、朋友、同事分享自己的想法，获得他们的支持和鼓励。

最后，我还想谈谈心灵的成长，即精神层面上的成长，包括我们的个人信仰、内心世界、价值观、情感生活等方面。心灵的成长是一个持续性的、缓慢的过程，我们要不断地探索和实践。我们应该努力培养正面思维和积极情绪，以这样的状态面对压力和困境；

我们还要接纳自己的真实感受，而不是一味地压抑或者忽略它们；我们还要培养优秀的内在品质和卓越的专业能力，更好地面对生活中的挑战和困难；我们还要探索自己的信仰和人生意义，确定目标和价值观，从而树立正确的奋斗方向；我们还要经常进行自省，仔细观察自己的内心世界，获得更好的成长。这些都是心灵成长的重要组成部分。

一位作家曾说："幸福是一种内在的状态，是我们在生命的旅程中走向自由的结果。"我想，成长本身就是一种自由，它让我们不再畏惧，不再紧张，从容欣喜地迎接生命中的每一种可能。让我们相互鼓励，相互温暖，坚定、自信地为自己的幸福和成长加油吧！

宸冰

▲ 延伸阅读

《中庸》子思　著

《叶嘉莹传》熊烨　著

《默克尔传》[德] 斯蒂凡·柯内琉斯　著

《叶卡捷琳娜大帝：通往权力之路》[美] 罗伯特·K. 迈锡　著

《源泉》[美] 安·兰德　著